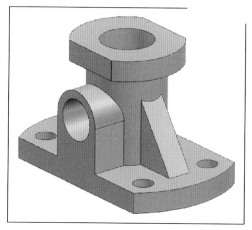

机座零件

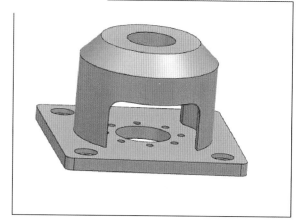

阀体零件

传动螺钉零件

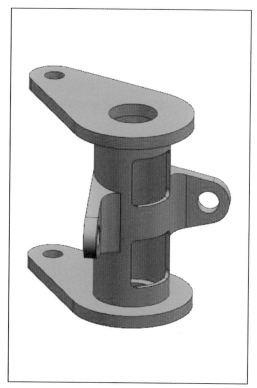

中通零件

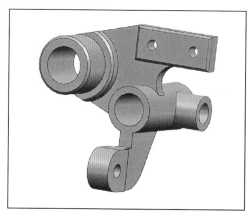

泵体零件

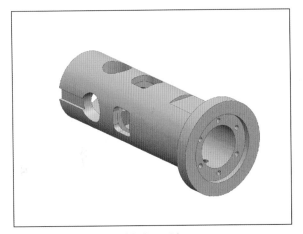

轴类零件

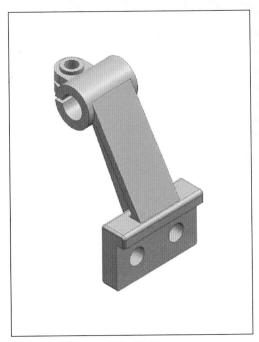

支架零件

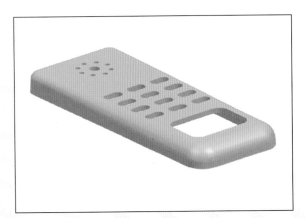

遥控器塑料件

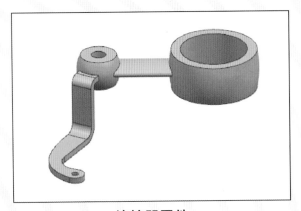

连接器零件

一次性杯座塑料件

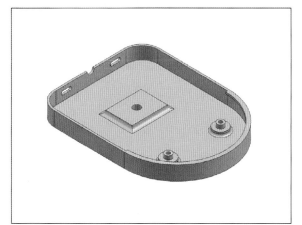

底壳塑料零件

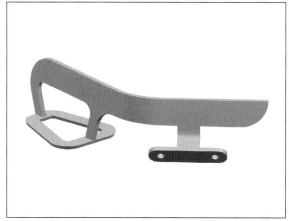

板钩塑料零件

瓶子零件

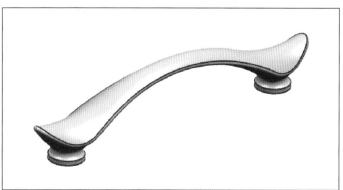

门拉手零件

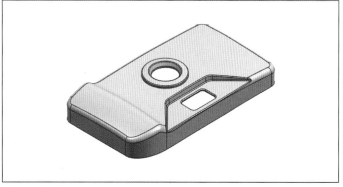

相机壳零件

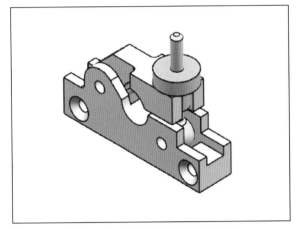

钳子自底向上装配效果图

制动盘自底向上装配效果

机械人自底向上装配效果

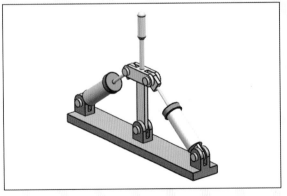

液压件自底向上装配效果图

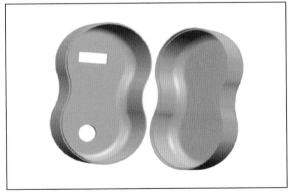

盒子自顶向下装配效果图

"十三五"高等教育机电类专业规划教材

UG NX 三维设计项目化教程

主　编　何镜奎　陈洪土　刘映群
副主编　冯　青　殷小清

中国铁道出版社有限公司
CHINA RAILWAY PUBLISHING HOUSE CO., LTD.

内 容 简 介

本书以项目引领、任务驱动的方式编写而成，全书共分 6 个项目，内容包括：UG NX 软件认知、机械零件设计、塑料件产品设计、曲面结构设计、装配设计和工程图设计。每个项目中有若干个任务，详细讲解了 UG NX 软件的基本知识、常见的机械零件、塑料产品、曲面应用、装配设计及出图方法。同时，书中每个任务完成后，附带同步练习图形，让读者进一步巩固所学知识，达到举一反三、知识迁移的目的。

本书适合作为高等院校机电类专业的教材，也可作为 UG 初学者、机械设计工程师、制图员以及从事三维建模工作人士的参考用书。

图书在版编目（CIP）数据

UG NX 三维设计项目化教程/何镜奎，陈洪土，刘映群主编．—北京：中国铁道出版社，2018.8（2019.7 重印）
"十三五"高等教育机电类专业规划教材
ISBN 978-7-113-24500-9

Ⅰ. ①U… Ⅱ. ①何… ②陈… ③刘… Ⅲ. ①计算机辅助设计-应用软件-高等学校-教材 Ⅳ. ①TP391.72

中国版本图书馆 CIP 数据核字（2018）第 146804 号

书　　名：UG NX 三维设计项目化教程
作　　者：何镜奎　陈洪土　刘映群　主编

策　　划：韩从付　　　　　　　　　　　　　　读者热线：(010) 63550836
责任编辑：何红艳　彭立辉
封面设计：刘　颖
责任校对：张玉华
责任印制：郭向伟

出版发行：中国铁道出版社有限公司（100054，北京市西城区右安门西街 8 号）
网　　址：http://www.tdpress.com/51eds/
印　　刷：三河市航远印刷有限公司
版　　次：2018 年 8 月第 1 版　　2019 年 7 月第 2 次印刷
开　　本：787 mm×1 092 mm　1/16　印张：16.25　彩插：2　字数：397 千
书　　号：ISBN 978-7-113-24500-9
定　　价：49.80 元

UG NX 软件是 Siemens PLM Software 公司推出的软件，其功能强大，是当今世界最先进的集成 CAE/CAD/CAM 的系统之一。其覆盖产品的整个开发过程，是产品生命周期管理的完整解决方案，广泛应用在航空航天、汽车、家电等行业中，为新产品的研发制造发挥了很大的作用。近年来，随着版本的不断升级和功能的不断扩充，进一步拓展了其应用范围，并向专业化和智能化方向发展，例如，各种模具设计模块（冷冲模、注塑模等）、钣金加工模块、管路布局、实体设计及车辆工具包等。本书以 UG NX 10.0 版本为基础进行讲解。

UG NX 软件具有优越的性能，它是 CAD 技术创新领域的先驱。该软件在国内外相关行业中应用广泛，在实际生产和学习中迫切需要掌握软件的操作及技巧。市面上，关于 UG NX 的学习教程很多，涉及建模、曲面造型、数控编程等，但是对于在校的学生，需要的不是 UG NX 软件的全部知识，而是工程实际中需要牢固掌握的软件基础知识。学生掌握了基础知识后，就具备了一种基本能力，可自学其他模块。本书是作者根据多年的企业培训、高校教学和实际应用经验编写而成的，重点突出了建模、装配及工程图的设计思路，精选了最常用的命令，注重内容的实用性。

本书按照"以职业活动导向的项目化教学为依据，以项目与任务作为能力训练为课题，以教、学、做一体化为训练模式，用任务达成度来考核技能掌握程度"的基本思路，明确各项目的具体要求，将项目导向、任务驱动贯穿在教学之中，注重学生实际应用能力的培养。

本书共分 6 个项目，内容包括 UG NX 软件认知、机械零件设计、塑料件产品设计、曲面结构设计、装配设计、工程图设计。每个项目中有若干个任务，详细讲解了 UG NX 软件的基本知识、常见的机械零件、塑料产品、曲面应用、装配设计及出图方法。同时，书中每个任务完成后，附带同步练习图形，让读者进一步巩固所学知识，达到举一反三、知识迁移的目的。

本书由广东理工职业学院何镜奎、广东创新科技职业学院陈洪土、广东理工职业学院刘映群任主编，广东理工职业学院的冯青、殷小清任副主编。广东理工职业学院的王树勋等为本书的编写提供了不少帮助，一并感谢！

本书结构严谨，内容丰富，条理清晰，实例经典，内容的编排符合由浅入深的思维模式，适合作为高等院校机电类专业的教材，也可作为 UG 初学者、机械设计工程师、制图员以及从事三维建模工作人士的参考用书。

尽管我们为本书付出了十分的心血和努力，但由于编者水平有限，书中疏漏与不当之处在所难免，恳请读者批评指正。

编　者
2018 年 4 月

CONTENTS | # 目　录

项目一 UG NX 软件认知

本项目主要讲解 UG NX 软件的基本情况、行业地位、技术特点、新增特点及 UG NX 10.0 版本的工作环境、快捷键功能等内容，为下一步各个项目的学习提供必要的基础知识。

任务一 初识 UG NX 软件

能力目标

- 掌握学习 UG NX 的方法和途径。
- 掌握 UG NX 10.0 软件新增加的功能的使用。

知识目标

- 了解 UG NX 软件的基本状况。
- 了解 UG NX 软件在现代制造业的地位。

素质目标

- 培养学生善于观察、思考的习惯。
- 培养学生手动操作的能力。

任务导入

根据本书以项目和工作任务为主线的学习特点，必须先了解使用工具的基本情况。

任务分析

为了更好地完成项目的工作任务，需要对完成工作任务所使用的软件工具进行全面了解，重点对软件的基本情况、技术特点等进行了解。

任务实施

1. 了解 UG NX 软件

UG NX 是 Siemens PLM Software 公司出品的一个产品工程解决方案，定为用户的产品设计及加工过程提供了数字化造型和验证手段。UG NX 支持产品开发中从概念设计到工程制造的各个方面，为用户提供了一套集成的工具集，用于协调不同学科、保持数据完整性和设计意图以及简化整个流程。借助应用领域最广泛、功能最强大的最佳集成式应用程序套件，UG NX 可大幅提升生产效率，以帮助用户制定更明智的决策，并更快、更高效地提供更好的产品。除了用于计算机辅助设计、制造和工程（CAD/CAM/CAE）的工具集以外，UG NX 还支持在设计师、工程师和更广泛的组织之间进行协同。为此，它提供了集成式数据管理、流程自动化、决策支持以及其他有助于优化开发流程的工具。

全球众多企业都在努力实现 UG NX 产品开发解决方案的独特优势。用户可以利用该解决方案取得短期和长期的业务成果，这些解决方案能够帮助用户实现以下目标：

（1）实现产品开发过程转型，这样就可以更明智地工作而不必蛮干，从而提高工作效率，以提高创新速度并充分利用市场商机。为此，我们提供了最新产品信息和分析功能来更好地解决工程、设计和制造问题。

（2）"在第一时间"开发产品，使用虚拟模型和仿真来精确地评估产品性能和可制造性，并持续验证设计是否符合行业、企业和客户要求。与合作伙伴和供应商有效地协同，在整个价值链中采用各种技术来共享、沟通和保护产品与制造流程信息。

（3）支持从概念到制造的整个开发流程，借助全面的集成式工具集来简化整个流程，在设计师、产品和制造工程师之间无缝共享数据以实现更大的创新。

UG NX 具有以下优势：

（1）无与伦比的功能：没有其他任何解决方案能够提供更全面、更强大的产品开发工具集。UG NX 提供了：

- 面向概念设计、三维建模和文档的高级解决方案。
- 面向结构、运动、热学、流体、多物理场和优化等应用领域的多学科仿真。
- 面向工装、加工和质量检测的完整零件制造解决方案。
- UG NX 将面向各种开发任务的工具集成到一个统一解决方案中。所有技术领域均可同步使用相同的产品模型数据。借助无缝集成，可以在所有开发部门之间快速传播信息和变更流程。
- UG NX 利用 Teamcenter 软件（Siemens PLM Software 推出的一款协同产品开发管理（cPDM）解决方案）来建立单一的产品和流程知识源，以协调开发工作的各个阶段，实现流程标准化，加快决策过程。

（2）卓越的工作效率：UG NX 使用高性能工具和尖端技术来解决极其复杂的问题。UG NX 设计工具可轻松处理复杂几何图形和大型装配体。UG NX 中的高级仿真功能可处理要求最为苛刻的 CAE 难题，大幅减少制作实物原型的数量。借助 UG NX，还可以充分利用最先进的工装与加工技术来改进制造工作。

（3）开放式环境：借助 UG NX 中的开放式体系架构，可以在数字化产品开发过程中通过快速整合其他供应商的解决方案来保护现有的 IT 投资。

（4）实践成果：UG NX 帮助客户推出了更多新产品；减少了 30% 以上的开发时间；将设计、分析迭代周期缩短 70% 以上，减少多达 90% 的计算机数控（CNC）编程时间。

2. 了解 UG NX 软件在制造业中的重要地位

UG NX 软件在航空航天、汽车、通用机械、工业设备、医疗器械以及其他高科技应用领域的机械设计和模具加工自动化的市场得到了广泛应用。多年来，UGS 公司一直在支持美国通用汽车公司实施目前全球最大的虚拟产品开发项目，同时 Unigraphics 也是日本著名汽车零部件制造商 DENSO 公司的设计标准，并在全球汽车行业得到了广泛应用，如 Navistar、底特律柴油机厂、Winnebago 和 Robert Bosch AG 等。

3. 掌握 UG NX 软件的技术特点

Unigraphics CAD/CAM/CAE 系统提供了一个基于过程的产品设计环境，使产品开发从设计到加工真正实现了数据的无缝集成，从而优化了企业的产品设计与制造。UG NX 面向过程驱动的技术是虚拟产品开发的关键技术，在面向过程驱动技术的环境中，用户的全部产品以及精确的数据模型能够在产品开发全过程的各个环节保持相关，从而有效地实现了并行工程。具体的技术特点如下：

（1）采用复合建模技术。

（2）基于特征的建模和编辑方法。

（3）曲线设计采用非均匀有理 B 样线条作为基础。

（4）出图功能强。

（5）以 Parasolid 为实体建模核心。

（6）提供了界面良好的二次开发工具。

（7）具有良好的用户界面。

4. 掌握 UG NX 10.0 的新增特点

Siemens PLM Software 产品的外观现在可针对 UG NX 用户界面进行默认设置，在线帮助文档的查找功能增强，资源条增强，客户化线宽度，针对测量特征创建几何输出，UG NX 问题协同，在 UG NX 中集成客户化窗口，改进缩放操作，增强客户化对话框，增强带状工具条，增强提示和状态行等。具体特点如下：

（1）更灵活：通过同步建模技术，可以在建模过程中实现直接编辑，十分简易。

（2）更有力：UG NX 10.0 可通过一体化的 CAD/CAM/CAE 解决方案来处理极其复杂的问题。

（3）更协调：UG NX 10.0 统一的过程促进协同产品开发，通过提高过程效率，缩短 20% 的周期时间。

（4）更高效：UG NX 10.0 通过诸如剪贴簿等主要重用功能改进，使周期缩短 40%，从而为工程师和设计师带来更高的效率。

5. 了解学好 UG NX 三维造型的方法

坚持以课本的项目、任务为重点，集中精力完成工作任务，举一反三，在练习中熟悉各个命令的操作。

几点建议：

（1）集中精力打歼灭战，避免马拉松式的学习。

（2）正确把握学习重点。

（3）有选择地学习。

（4）对软件造型功能进行合理的分类。

（5）从一开始就注重培养规范的操作习惯。

（6）将平时所遇到的问题、失误和学习要点记录下来。

6. UG NX 10.0 产品建模典型流程

UG NX 10.0 产品建模包括启动软件、建立文档等，典型的建模流程如下：

（1）启动 UG NX 软件。

（2）新建一个文件或打开一个已存在的文件。

（3）调用相应的模块。

（4）选择具体的命令进行相关操作。

（5）保存文件。

（6）退出 UG NX 系统。

任务考核

任务考核分数以百分制计算，如表 1-1-1 所示。

表 1-1-1　任务考核评价表

软件的基本知识（40分）	UG NX 软件的技术特点（30分）	UG NX 软件的新增特点（30分）	总　　分

任务拓展

了解相关软件的基本知识，如（PRO-E 软件的基本知识）。

任务二　掌握 UG NX 10.0 的工作环境及快捷键功能

能力目标

- 掌握 UG NX 10.0 的工作环境。
- 掌握 UG NX 10.0 的快捷键的使用。

知识目标

- 了解 UG NX 10.0 软件的基本界面。
- 了解 UG NX 10.0 快捷键的功能。

素质目标

- 培养学生善于观察、思考的习惯。
- 培养学生手动操作的能力。

任务导入

熟练掌握 UG NX 10.0 软件的操作界面及快捷键的使用。

任务分析

UG NX 10.0 软件的操作界面由版本号、菜单栏、工具栏、选择栏、资源条、工作区绝对坐标系等组成，熟悉工作界面中的各功能区间、快捷键的使用，能够大幅提高制作产品造型的速度。

任务实施

1. 掌握 UG NX 软件操作界面

UG NX 软件操作界面如图 1-2-1 所示。

2. 了解导航器的作用

通过导航器可以方便地查看与管理模型，导航器中会显示模型的所有信息，修改这些信息将驱动模型的变化。例如，通过部件导航器，可以查看部件的模型树，并对部件进行修改（如修改特征参数等）。对于复杂模型，通过导航器能方便地组织模型的拓扑结构，模型修改也将更清晰。

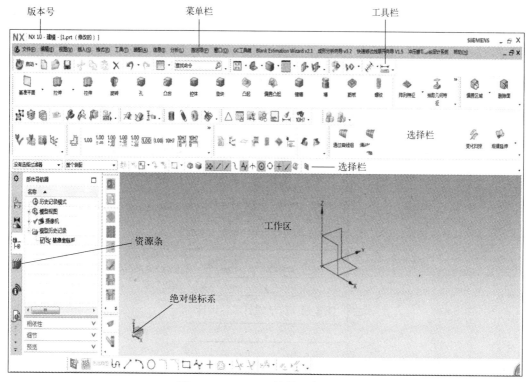

图 1-2-1　UG NX 软件工作界面图

3. 掌握常用键盘快捷键及其作用

通过快捷键，设计者能快速提高效率。常用键盘快捷键及其作用如表 1-2-1 所示。

表 1-2-1　常用键盘快捷键及其作用

按　键	功　能	按　键	功　能
Ctrl+N	新建文件	Ctrl+J	改变对象的显示属性
Ctrl+O	打开文件	Ctrl+T	几何变换
Ctrl+S	保存	Ctrl+D	删除
Ctrl+R	旋转视图	Ctrl+B	隐藏选定的几何体
Ctrl+F	满屏显示	Ctrl+Shift+B	颠倒显示和隐藏
Ctrl+Z	撤销	Ctrl+Shift+U	显示所有隐藏的几何体

任务考核

任务考核分数以百分制计算，如表 1-2-2 所示。

表 1-2-2　任务考核评价表

工作界面的应用熟练 程度（40分）	快捷键的使用熟练 程度（30分）	导航器及鼠标等使用熟练 程度（30分）	总　　分

任务拓展

其他相关软件（如 PRO-E 软件）的工作界面及应用。

项目二　机械零件设计

本项目主要讲解常见的机械类零件三维绘图的设计方法，因机械零件品种繁多，结构不同，应用范围也不同，不可能所有种类都能一一陈述设计。因此，本项目挑选了7个任务进行讲解，希望大家能举一反三，对同类型结构零件进行拓展。

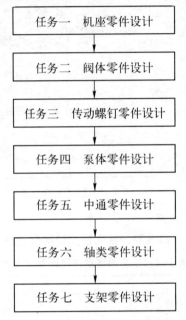

任务一　机座零件设计

↓

任务二　阀体零件设计

↓

任务三　传动螺钉零件设计

↓

任务四　泵体零件设计

↓

任务五　中通零件设计

↓

任务六　轴类零件设计

↓

任务七　支架零件设计

任务一　机座零件设计

能力目标

- 具备机座设计的能力。
- 能正确分析设计思路，对同类型机械零件进行设计。
- 会初步判断建模顺序，并合理安排设计过程。

知识目标

- 了解常见机座类零件，熟悉机械零件结构知识。
- 掌握草图绘制方法、孔的设计及布尔运算等知识。
- 掌握加强筋设计要点。

素质目标

- 培养学生善于观察、思考的习惯。

● 培养学生手动操作的能力。

● 培养学生团队协作、共同解决问题的能力。

任务导入

根据图 2-1-1 所示，完成机座零件造型设计。

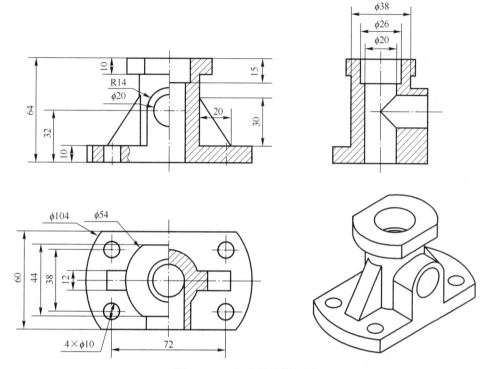

图 2-1-1　机座零件设计图

任务分析

机座零件由底板（作为基体）、圆柱体、顶板、加强筋组成，通过对单一零件的设计和组合来完成整个机座零件的设计。在任务设计过程中，要充分考虑布尔运算的应用、孔设计顺序等。

任务实施

打开 UG NX 10.0 软件，单击"文件"→"新建"→"模型"，单击"确定"按钮，进入 NX 绘图界面，然后选择"应用模块"→"建模"，进入建模设计模块。本任务绘制产品为机座零件，效果如图 2-1-2 所示。

1. 绘制俯视图草图

选择"插入"→"在任务环境中绘制草图"（或选择菜单栏中的"主页"，在功能区选择"草图"）命令，选择 X-Y 平面作为草图平面，绘制如图 2-1-3 所示的草图曲线。草图尺寸 $\phi104$，两线之间距离为 60，平分，完成后退出草图界面。

2. 创建拉伸体（一）

单击工具栏中的▦按钮或选择"插入"→"设计特征"→"拉伸"命令，弹出"拉伸"对话框，如图 2-1-4 所示，利用该对话框对上述草图进行拉伸操作，距离设为 10，如图 2-1-4 所示。

图 2-1-2 机座零件

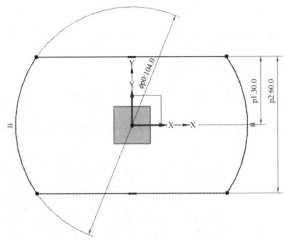

图 2-1-3 绘制俯视图草图

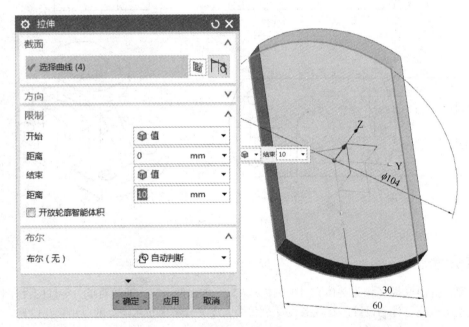

图 2-1-4 创建拉伸体（一）

3. 绘制草图（一）

选择"插入"→"在任务环境中绘制草图"（或选择菜单栏中的"主页"，在功能区选择"草图"）命令，选择 X-Y 平面作为草图平面，绘制如图 2-1-5 所示的草图曲线。以坐标中心为原点，ϕ38 的圆，完成后退出草图界面。

4. 创建拉伸体（二）

单击工具栏中的 ▦ 按钮或选择"插入"→"设计特征"→"拉伸"命令，弹出"拉伸"对话框，利用该对话框可以进行拉伸操作。拉伸开始为 0，结束为 64，布尔默认为"求和"，结果如图 2-1-6 所示。

5. 绘制草图（二）

选择"插入"→"在任务环境中绘制草图"（或选择菜单栏"主页"，在功能区选择"草图"）命令，选择 X-Y 平面作为草图平面，绘制如图 2-1-7 所示中的草图。以坐标中心为原点画个圆，直径 $\phi54$，两线之间距离为 44，平分，完成后退出草图界面。

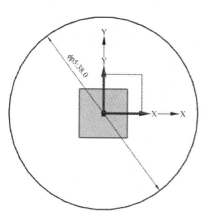

图 2-1-5　绘制草图（一）

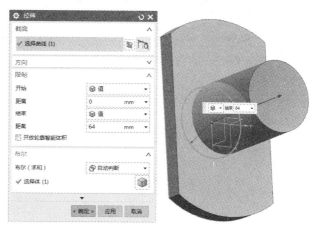

图 2-1-6　创建拉伸体（二）

6. 创建拉伸体（三）

单击工具栏中的 按钮或选择"插入"→"设计特征"→"拉伸"命令，弹出"拉伸"对话框，利用该对话框对上一步草图进行拉伸操作。拉伸方向默认（+Z 轴方向），开始为 54，结束拉伸值为 64，布尔默认为"求和"，结果如图 2-1-8 所示。

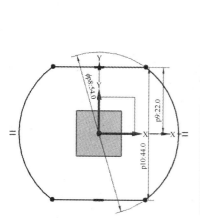

图 2-1-7　绘制草图（二）

图 2-1-8　创建伸体（三）

7. 创建新的基准坐标

选择"插入"→"基准/点"→"基准 CSYS"命令，创建新的基准坐标，X 轴为 19，Z 轴为 10，如图 2-1-9 所示。

8. 绘制加强筋三角形草图及创建其拉伸体

选择"菜单"→"插入"→"在任务环境中绘制草图"（或选择菜单栏中的"主页"，在功能区选择"草图"）命令，选择上一步新坐标系 X-Z 平面作为草图平面，绘制如图 2-1-10 所示的草图。首先画一条与 X 轴平行的直线，与 X 轴的距离为 20，Y 轴线长设为 30，然后连接成三角形，完成后退出草图界面。

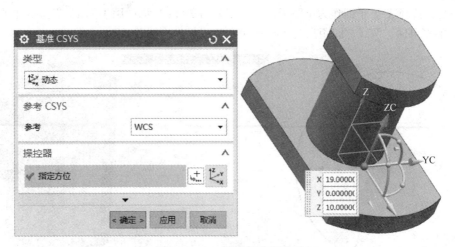

图 2-1-9　创建新坐标系

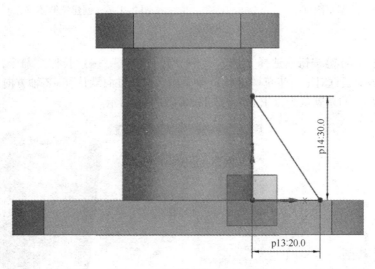

图 2-1-10　绘制草图画三角形

然后，单击工具栏中的 按钮或选择"插入"→"设计特征"→"拉伸"命令，弹出"拉伸"对话框，结束设为"对称值"，拉伸距离设为 6，布尔设为"无"，结果如图 2-1-11 所示。

9. 替换面

选择"插入"→"同步建模"→"替换面"命令，弹出"替换面"对话框，然后对上步创建的三角形实体进行替换面操作，具体是：将三角形实体背靠 ϕ38 的面作为"要替换的面"，ϕ38 的面为"替换面"，距离设为 0，结果如图 2-1-12 所示。

10. 镜像

选择"插入"→"关联复制"→"镜像几何体"命令，弹出"镜像几何体"对话框，以上步已替换好的三角形体加强筋为"要镜像的几何体"，镜像平面选择原始坐标系 Y-Z 平面，结果如图 2-1-13 所示。

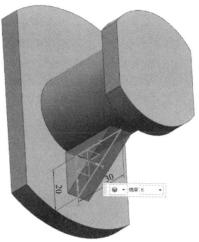

图 2-1-11　创建三角形拉伸体

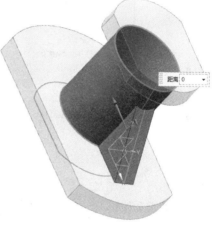

图 2-1-12　替换面

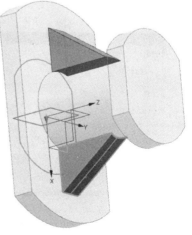

图 2-1-13　镜像几何体

11. 绘制草图（三）

选择"菜单"→"插入"→"在任务环境中绘制草图"（或选择菜单栏中的"主页"，在功能区选择"草图"）命令，选择原始坐标系 X-Z 平面作为草图平面，绘制草图，如图 2-1-14 所示，完成后退出草图界面。（圆心在 Y 轴上，$R=14$ 圆弧，对称结构，可绘制一半的线，然后镜像即可）

12. 创建拉伸体（三）

单击工具栏中的 按钮或选择"插入"→"设计特征"→"拉伸"命令，弹出"拉伸"对话框，拉伸方向默认（$-Y$ 轴方向），开始为 0，结束拉伸值为 30，布尔设为"无"，如图 2-1-15 所示。

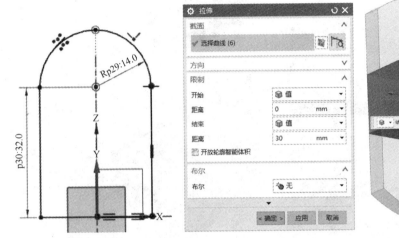
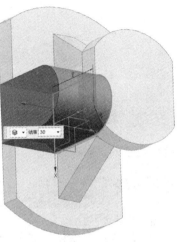

图 2-1-14　绘制草图（三）　　　　　图 2-1-15　创建拉伸体（三）

13. 求和

单击工具栏中的求和按钮 或选择"插入"→"组合"→"求和"命令，弹出"求和"对话框，目标体为图中任意一实体，"工具"选择所有实体，结果如图 2-1-16 所示。

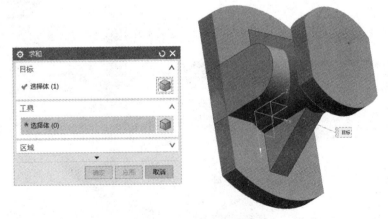

图 2-1-16　求和

14. 创建简单孔

单击孔按钮🔩或选择"插入"→"设计特征"→"孔"命令，弹出"孔"对话框，创建一个直径为20，深度为30的简单孔，"位置"选择 R14 圆弧（与其同心），其他默认，结果如图 2-1-17 所示。

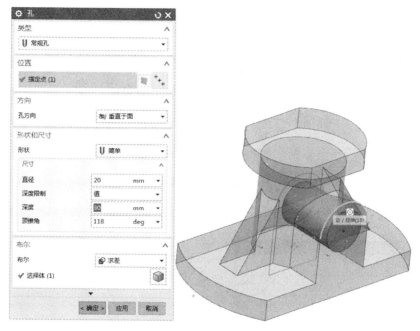

图 2-1-17　创建简单孔

15. 创建沉头孔

单击孔按钮🔩或选择"插入"→"设计特征"→"孔"命令，弹出"孔"对话框，"形状"选择"沉头"，创建一个沉头直径为26，沉头深度为15的沉头孔，孔直径为20，深度为100，"位置"选择 ϕ104 圆弧（与其同心），其他默认，如图 2-1-18 所示。

16. 四周简单孔

单击孔按钮🔩或选择"插入"→"设计特征"→"孔"命令，弹出"孔"对话框，"形状"选择"简单"，然后选择要打孔的表面，进入草图界面，先控制好一个点，如先定好 $X=36$，$Y=19$ 点（见图 2-1-19），然后采用镜像即可，完成后退出草图界面，回到"孔"对话框，将孔直径改为10，完成四孔设计，如图 2-1-20 所示。

17. 保存零件模型

选择"文件"→"保存"→"保存"命令，即可保存零件模型，结果见图 2-1-1。

📖 任务考核

任务考核分数以百分制计算，如表 2-1-1 所示。

表 2-1-1　任务考核评价表

设计思路合理（40 分）	设计步骤合理（30 分）	各个尺寸符合要求（30 分）	总　　分

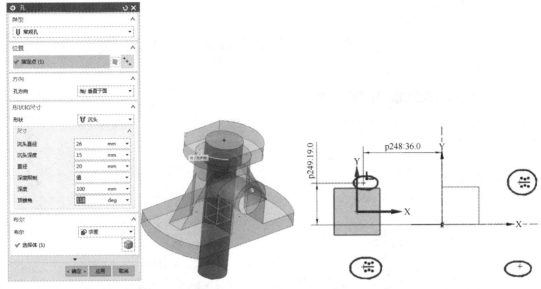

图 2-1-18　创建沉头孔　　　　　　　图 2-1-19　坐标点位置

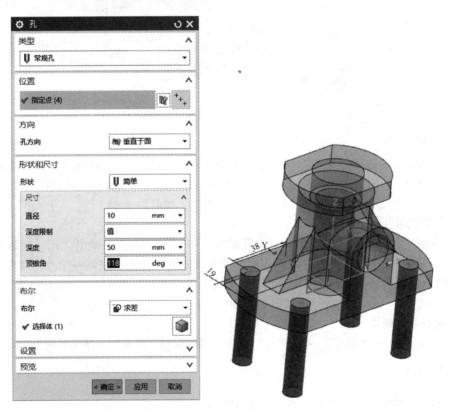

图 2-1-20　四孔设计

任务拓展

根据上述任务设计的方法及思路，完成如图 2-1-21 所示的同类型结构设计。

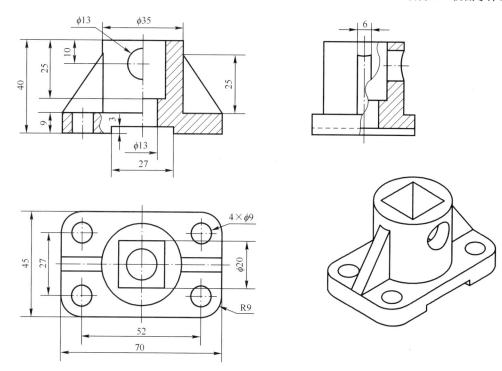

图 2-1-21 同类型结构设计图

任务二 阀体零件设计

能力目标

- 具备根据给定图纸分析确定二维草图绘制的能力。
- 能正确分析设计思路，熟练应用拉伸回转等工具进行设计。
- 会初步判断建模顺序，并合理安排设计过程。

知识目标

- 了解常见阀体类零件，熟悉机械零件结构知识。
- 掌握草图绘制方法、孔的设计及布尔运算等知识。
- 掌握拉伸、回转等知识要点。

素质目标

- 培养学生善于观察、思考的习惯。
- 培养学生动手操作的能力。
- 培养学生团队协作、共同解决问题的能力。

任务导入

根据图 2-2-1 完成阀体零件造型设计。

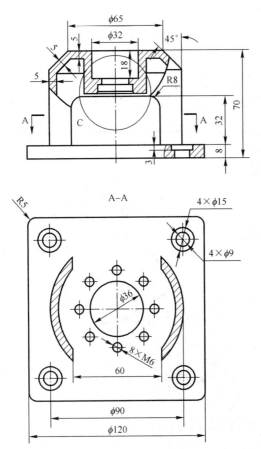

图 2-2-1　阀体零件设计工程图

任务分析

阀体零件由底板和旋转体零件组成，所以零件设计时利用底板和旋转体进行组合设计。在任务设计过程中，引用孔的设计及相关草图操作。

任务实施

打开 UG NX 10.0 软件，选择"文件"→"新建"→"模型"，单击"确定"按钮，进入 NX 绘图界面，然后选择"应用模块"→"建模"，进入建模设计模块。本任务绘制产品为阀体零件，效果如图 2-2-2 所示。

1. 绘制俯视图草图

选择菜单栏中的"插入"→"在任务环境中绘制草图"（或选择菜单栏中的"主页"，在功能区选择"草图"）命令，选择 X-Y 平面作为草图平面，绘制如图 2-2-3 所示的草图曲线，完成后退出草图界面。（边长为 120 的正方形）

2. 创建拉伸体（一）

单击工具栏中的■按钮或选择"插入"→"设计特征"→"拉伸"命令，弹出"拉伸"对话框，利用该对话框可以进行拉伸操作，限制距离设为 8，如图 2-2-4 所示。

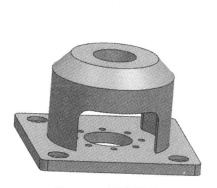

图 2-2-2　阀体零件

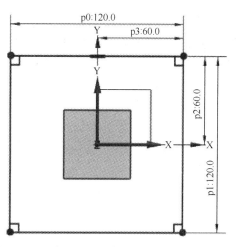

图 2-2-3　绘制俯视图草图

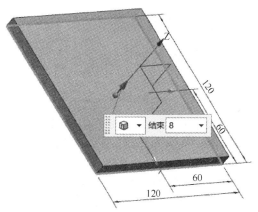

图 2-2-4　创建拉伸体

3. 创建边倒圆（一）

单击边倒圆 按钮或选择 "插入" → "细节特征" → "边倒圆" 命令，弹出 "边倒圆" 对话框，利用该对话框可以进行四周倒圆操作，倒圆边为 5，如图 2-2-5 所示。

4. 绘制草图（一）

选择菜单栏中的 "插入" → "在任务环境中绘制草图"（或选择菜单栏中的 "主页"，在功能区选择 "草图"）命令，选择 X-Y 平面作为草图平面，绘制草图曲线。草图尺寸如图 2-2-6 所示，完成后退出草图界面。（四周小圆绘制好一个，采用阵列曲线即可）

5. 创建拉伸体（二）

单击工具栏中的 按钮或选择 "插入" → "设计特征" → "拉伸" 命令，弹出 "拉伸" 对话框，如图 2-2-7 所示，利用该对话框可以进行拉伸操作，拉伸开始为-14，结束为 51，"布

尔"为求差。(拉伸高度只要超过求差体即可)

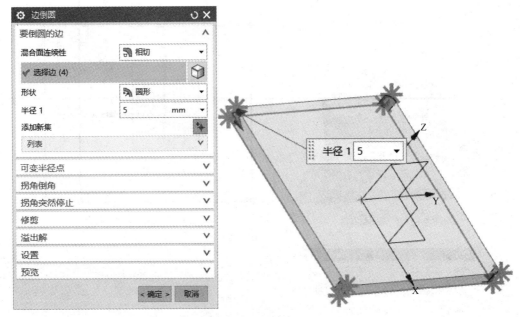

图 2-2-5　创建边倒圆

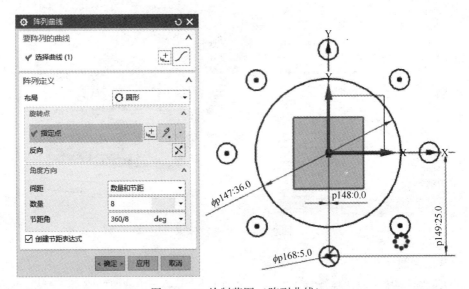

图 2-2-6　绘制草图（阵列曲线）

6. 绘制回转草图

选择菜单栏中的"插入"→"在任务环境中绘制草图"（或选择菜单栏中的"主页"，在功能区选择"草图"）命令，选择 X-Z 平面作为草图平面，绘制如图 2-2-8 所示的草图曲线，完成后退出草图界面。

7. 创建旋转体

选择"插入"→"设计特征"→"旋转"命令，弹出"旋转"对话框，如图 2-2-9 所示，利用该对话框可以进行旋转操作，选择上一步草图为旋转曲线，旋转开始角度为 0，结束为

360，"布尔"为无，得到如图 2-2-9 所示的几何体。

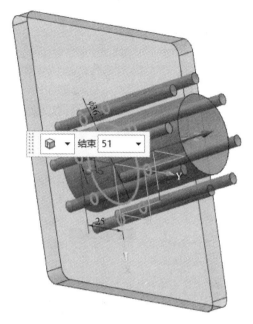

图 2-2-7　创建拉伸体

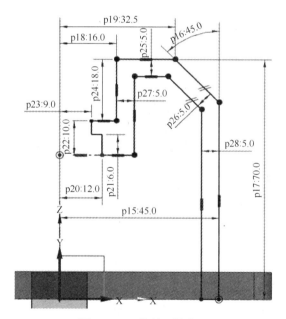

图 2-2-8　绘制回转草图

8. 绘制草图（二）

选择菜单栏中的"插入"→"在任务环境中绘制草图"（或选择菜单栏中的"主页"，在功能区选择"草图"）命令，选择 X-Z 平面作为草图平面，绘制如图 2-2-10 所示的草图曲线。

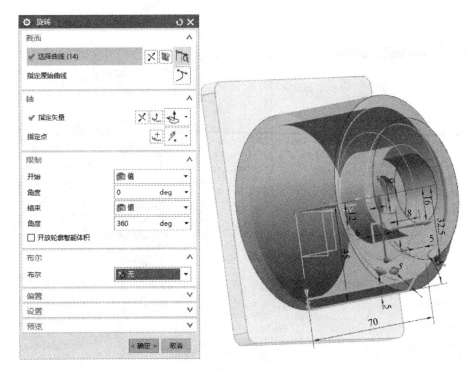

图 2-2-9　创建旋转体

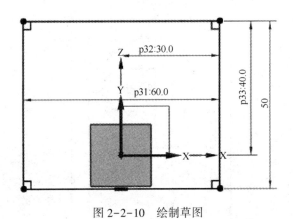

图 2-2-10　绘制草图

9. 创建拉伸体（三）

单击工具栏中的▦按钮或选择"插入"→"设计特征"→"拉伸"命令，弹出"拉伸"对话框，如图 2-2-11 所示，利用该对话框可以进行拉伸操作，拉伸"结束"为"对称值"，距离为 51。

10. 创建边倒圆（二）

单击边倒圆▱按钮或选择"插入"→"细节特征"→"边倒圆"命令，弹出"边倒圆"对话框，如图 2-2-12 所示。利用该对话框可以进行边倒圆操作，边倒圆半径设置为 8。（顶面的两边）

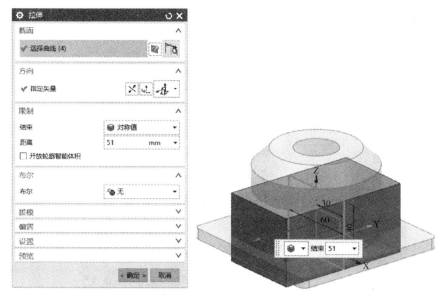

图 2-2-11 创建拉伸体

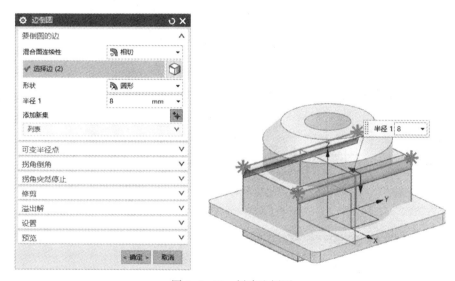

图 2-2-12 创建边倒圆

11. 求差

选择"插入"→"组合"→"求差"命令，弹出"求差"对话框，"目标体"为第 7 步旋转实体，"工具"选择第 9 步拉伸实体，结果如图 2-2-13 所示。

12. 求和

单击工具栏中的求和按钮 或选择"插入"→"组合"→"求和"命令，弹出"求和"对话框，"目标"为图中任意一实体，"工具"选择另一实体，结果如图 2-2-14 所示。

13. 创建沉头孔

单击孔 按钮或选择"插入"→"设计特征"→"孔"命令，弹出"孔"对话框，接着选择要打孔的表面，进入草图界面，先控制好一个点，如先定好 X = 45，Y = 45 点，然后采用镜像即可，完成后退出草图界面，回到"孔"对话框，"形状"选择"沉头"，创建一个沉头直径为 15，沉头深度为 3，孔直径为 9，深度为 50 的沉头孔，其他默认，如图 2-2-15 所示。

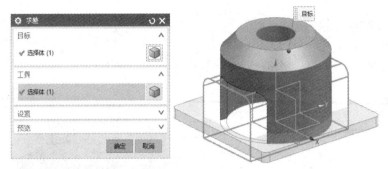

图 2-2-13　求差

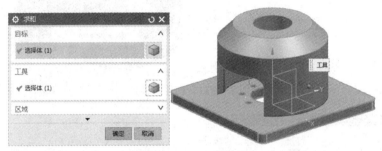

图 2-2-14　求和

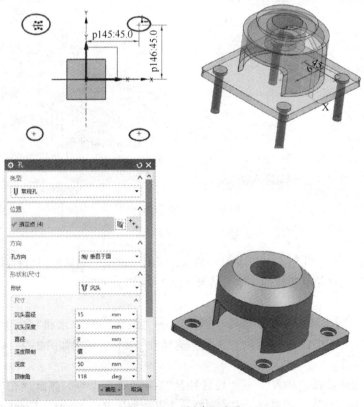

图 2-2-15　创建沉头孔

14. 创建倒斜角

单击边倒圆 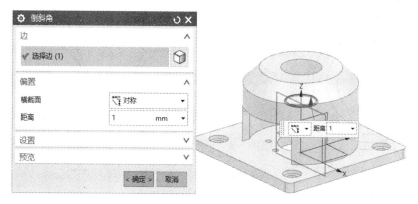按钮或选择"插入"→"细节特征"→"倒斜角"命令，弹出"倒斜角"对话框，"距离"设为1，如图2-2-16所示。利用该对话框可以进行倒斜角操作，倒斜角为1。

图 2-2-16　创建倒斜角

15. 保存零件模型

选择"文件"→"保存"→"保存"命令，即可保存零件模型，结果参见图2-2-1。

任务考核

任务考核分数以百分制计算，如表2-2-1所示。

表 2-2-1　任务考核评价表

设计思路合理（40 分）	设计步骤合理（30 分）	各个尺寸符合要求（30 分）	总　　　分

任务拓展

根据上述任务设计的方法及思路，完成同类型结构设计，如图2-2-17所示。

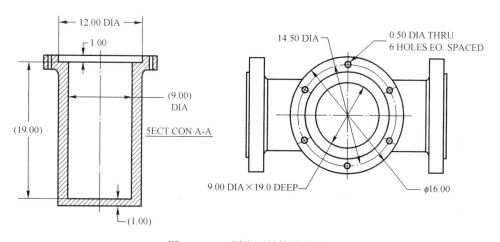

图 2-2-17　同类型结构设计图

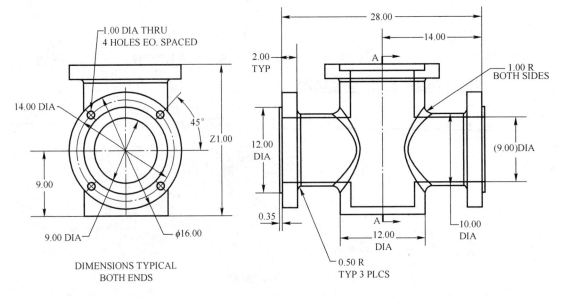

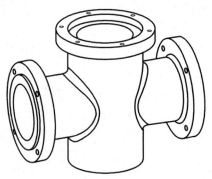

图 2-2-17　同类型结构设计图（续）

任务三　传动螺钉零件设计

能力目标

- 具备根据给定图纸分析确定二维草图绘制的能力。
- 能正确分析设计思路，熟练应用拉伸回转螺纹设计等工具进行设计。
- 会初步判断建模顺序，并合理安排设计过程。

知识目标

- 了解常见传动螺钉类零件，熟悉机械零件结构知识。
- 掌握草图绘制方法、孔的设计及布尔运算等知识。
- 掌握拉伸、回转、螺纹设计等知识要点。

素质目标

- 培养学生善于观察、思考的习惯。

● 培养学生动手操作的能力。
● 培养学生团队协作、共同解决问题的能力。

任务导入

根据图 2-3-1 所示，完成传动螺钉零件造型设计。

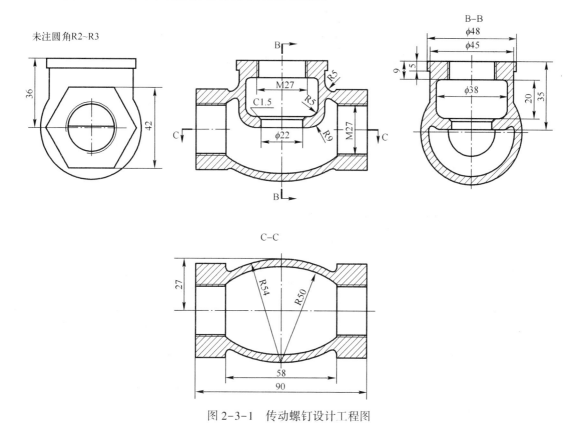

图 2-3-1　传动螺钉设计工程图

任务分析

传动螺钉零件是由一个旋转体作为基体，两边由六边体、圆柱体组成，通过对单一零件的设计再组合来完成整个传动螺钉零件的设计。在任务设计过程中，要充分考虑布尔运算的应用、螺纹设计等。

任务实施

打开 UG NX 10.0 软件，选择"文件"→"新建"→"模型"，单击"确定"按钮，进入 NX 绘图界面，然后选择"应用模块"→"建模"，软件进入建模设计模块。本任务绘制产品为传动螺钉零件，效果如图 2-3-2 所示。

1. 绘制俯视图草图

选择菜单栏中的"插入"→"在任务环境中绘制草图"（或选择菜单栏中的"主页"，在功能区选择"草图"）命令，选择 XC-YC 平面作为草图平面，绘制如图 2-3-3 所示的草图曲线。（两圆弧圆心均在原点）

图 2-3-2　传动螺钉零件

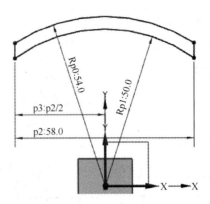

图 2-3-3　绘制草图曲线

2. 创建新坐标系及旋转体

（1）选择"插入"→"基准/点"→"基准 CSYS"命令，创建新的基准坐标，Y 轴为 27，其他为 0，如图 2-3-4 所示。

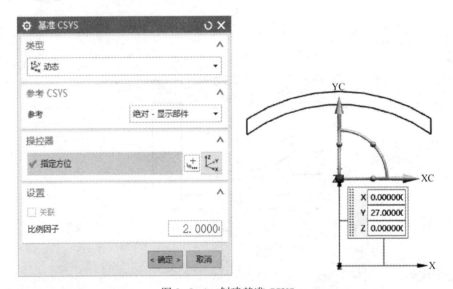

图 2-3-4　创建基准 CSYS

（2）选择"插入"→"设计特征"→"旋转"命令，弹出"旋转"对话框，如图 2-3-5 所示。利用该对话框进行上述草图回转，旋转 360°。（旋转轴为新坐标系 X 轴）

3. 创建新基准平面

选择"插入"→"基准/点"→"基准平面"命令，创建新的基准坐标，"类型"选取"按某一距离"，单击新坐标系中 Y-Z 平面，然后在对话框中输入"-45"（注意方向），形成新平面，如图 2-3-6 所示。

4. 绘制侧面草图

选择菜单栏中的"插入"→"在任务环境中绘制草图"（或选择菜单栏中的"主页"，在功能区选择"草图"）命令，选择上一步新建的平面作为草图平面，绘制如图 2-3-7 所示的草图曲线，完成后退出草图界面。（绘制六边形和圆）

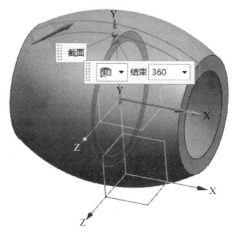

图 2-3-5　创建旋转体

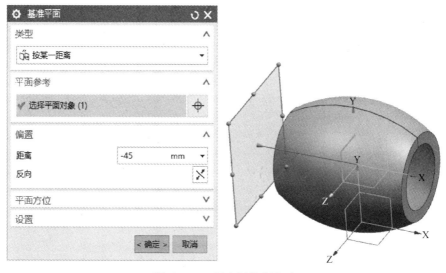

图 2-3-6　创建新基准平面

5. 创建拉伸面

单击工具栏中的 ▦ 按钮或选择"插入"→"设计特征"→"拉伸"命令，弹出"拉伸"对话框，如图 2-3-8 所示，利用该对话框对上一步草图进行拉伸操作。拉伸方向默认（+X 轴方向），开始为 0，"结束"拉伸值为"直至延伸部分"，然后选择旋转体侧面为延伸至的面，

"布尔"默认为"无",结果如图 2-3-8 所示。

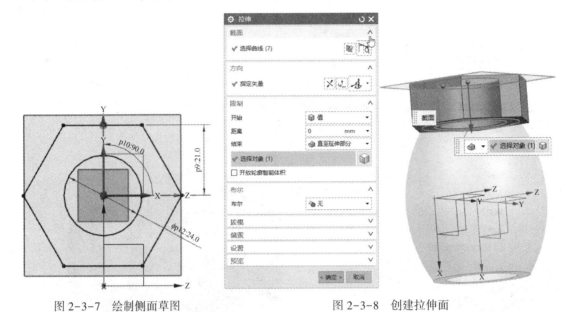

图 2-3-7　绘制侧面草图　　　　　　　图 2-3-8　创建拉伸面

6. 创建螺纹

选择"插入"→"设计特征"→"螺纹"命令,弹出"螺纹"对话框,如图 2-3-9 所示,利用该对话框对上一步六边体进行螺纹设计操作,在对话框中选择"螺纹类型"为"符号",然后直接选择上一步六边体 $\phi24$ 内圆,选中"完整螺纹"复选框,单击"应用"按钮退出对话框。

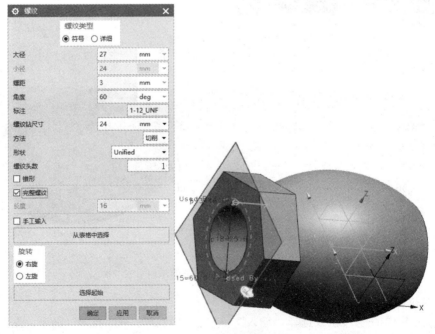

图 2-3-9　创建螺纹

7. 创建镜像

选择"特征"→"关联复制"→"镜像几何体"命令，弹出"镜像几何体"对话框，如图 2-3-10 所示，利用该对话框可以进行镜像操作。（镜像平面为 Y-Z 平面即可）

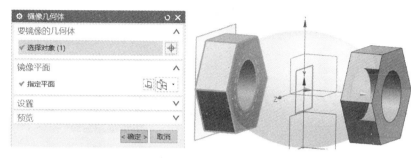

图 2-3-10　创建镜像

8. 创建俯视图新基准平面及草图

（1）选择"插入"→"基准/点"→"基准平面"命令，创建新的基准坐标，"类型"选择"按某一距离"，单击第（2）步新坐标系中 X-Y 平面，然后在对话框中输入 36（注意方向），形成新平面，如图 2-3-11 所示。

（2）选择"菜单"→"插入"→"在任务环境中绘制草图"（或选择菜单栏中的"主页"，在功能区选择"草图"），选择上一步新建的平面作为草图平面，绘制如图 2-3-12 所示的草图曲线，完成后退出草图界面。（绘制 3 个圆，直径分别是 φ38、φ45、φ48，圆心均在原点）

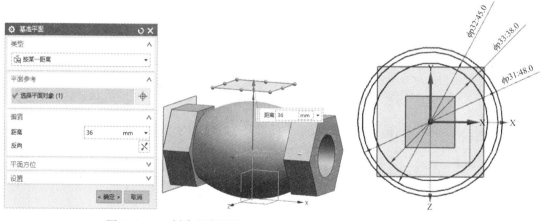

图 2-3-11　创建基准平面　　　　　　　　图 2-3-12　创建草图

9. 创建拉伸体

（1）拉伸 φ48 的圆。单击工具栏中的 ▦ 按钮或选择"插入"→"设计特征"→"拉伸"命令，弹出"拉伸"对话框，拉伸方向默认（-Y 轴方向），开始距离设为 0，结束距离设为 5，"布尔"默认为"无"，单击"确定"按钮，如图 2-3-13 所示。

（2）拉伸 φ45 的圆。单击工具栏中的 ▦ 按钮或选择"插入"→"设计特征"→"拉伸"命令，弹出"拉伸"对话框，拉伸方向默认（-Y 轴方向），开始距离设为 0，结束距离设为 35，"布尔"默认为"求和"，选择第（1）步中 φ48 体求和，如图 2-3-14 所示。

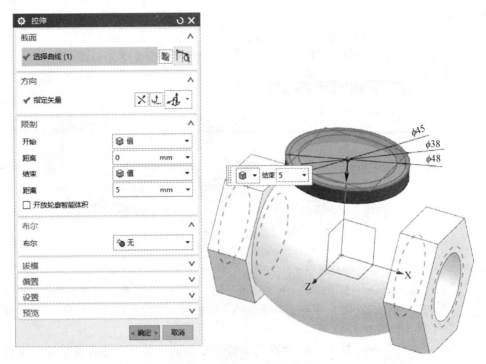

图 2-3-13　创建拉伸体（一）

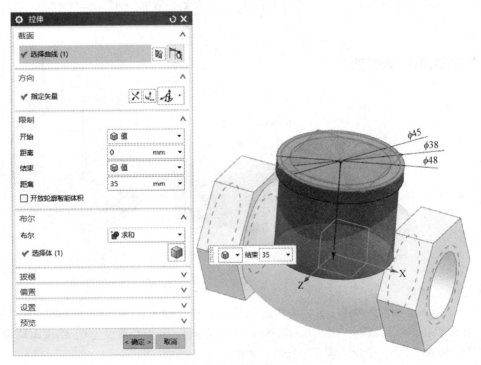

图 2-3-14　创建拉伸体（二）

（3）拉伸 φ38 的圆。单击工具栏中的 ▦ 按钮或选择"插入"→"设计特征"→"拉伸"命令，弹出"拉伸"对话框，拉伸方向默认（-Y 轴方向），开始距离设为 9，结束距离设为 29，

"布尔"默认为"无",如图 2-3-15 所示。

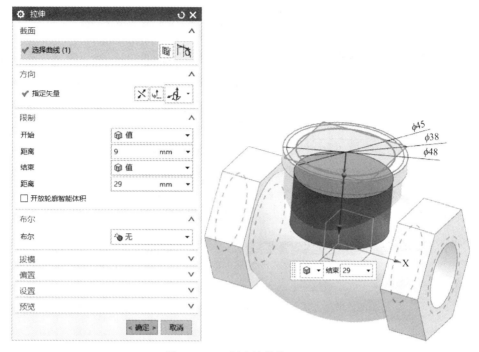

图 2-3-15 创建拉伸体（三）

10. 求和（一）

单击工具栏中的求和按钮 或选择"插入"→"组合"→"求和"命令,弹出"求和"对话框,"目标"为图中任意一实体,"工具"选择所有实体（除 $\phi38$ 体）,结果如图 2-3-16 所示。（切记:求和为旋转体、$\phi48$ 圆体及 $\phi45$ 圆体 3 个,$\phi38$ 体不在这一步求和）

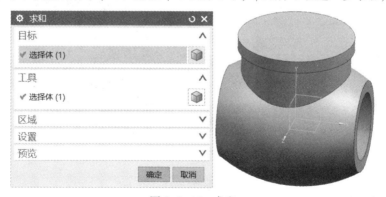

图 2-3-16 求和

11. 求差

选择"插入"→"组合"→"求差"命令,弹出"求差"对话框,"目标"为上一步求和体,"工具"选择直径为 $\phi38$ 圆体实体,结果如图 2-3-17 所示。

12. 创建简单孔（一）

单击孔 图标或选择"插入"→"设计特征"→"孔"命令,弹出"孔"对话框,如图 2-3-18 所示,在该对话框中设置孔直径为 $\phi25$,深度为 20,"布尔"为"求差"。

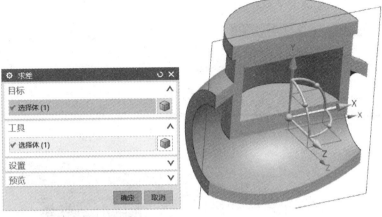

图 2-3-17 求差及剖开求差结果示意图

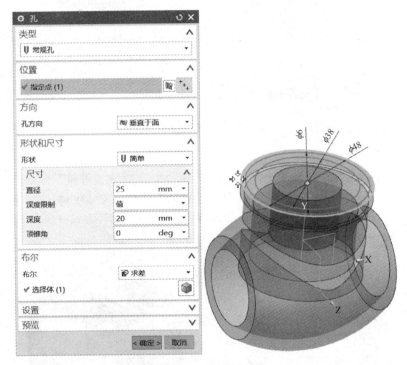

图 2-3-18 创建简单孔

13. 创建边倒圆（一）

单击边倒圆⬛按钮或选择"插入"→"细节特征"→"边倒圆"命令，弹出"边倒圆"对话框，设置半径为 9，如图 2-3-19 所示。利用该对话框可以进行四周边倒圆操作，边倒圆半径设为 9。

14. 求和（二）

单击工具栏中的求和按钮⬛或选择"插入"→"组合"→"求和"命令，弹出"求和"对话框，"目标"为图中任意一实体，"工具"选择所有实体，结果如图 2-3-20 所示。（切记：所有体进行求和）

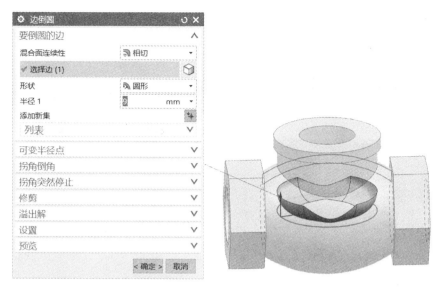

图 2-3-19 创建边倒圆

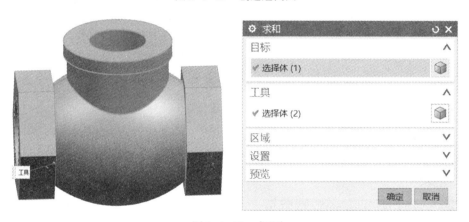

图 2-3-20 求和

15. 创建边倒圆（二）

单击边倒圆 按钮或选择"插入"→"细节特征"→"边倒圆"命令，弹出"边倒圆"对话框，利用该对话框可以进行四周边倒圆操作，边倒圆半径设为 5，结果如图 2-3-21 所示。同理，将没倒的圆角进行操作，例如利用该对话框可以生成圆角半径为 2 的边圆角。

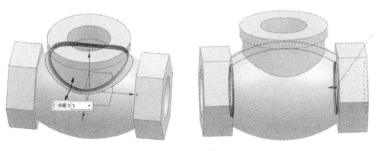

图 2-3-21 创建边倒圆

16. 创建简单孔（二）

单击孔<img_1 />按钮或选择"插入"→"设计特征"→"孔"命令，弹出"孔"对话框，如图 2-3-22 所示，利用该对话框可以生成孔直径为 22，深度为 20 的孔。

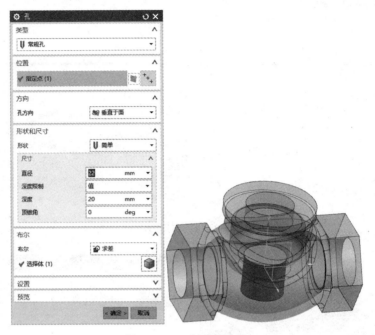

图 2-3-22　创建简单孔

17. 创建倒斜角

单击<img_1 />按钮或选择"插入"→"设计特征"→"倒斜角"命令，弹出"倒斜角"对话框，如图 2-3-23 所示，设置偏置距离为 1.5。

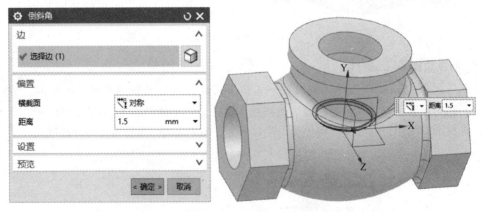

图 2-3-23　创建倒斜角

18. 创建符号螺纹

选择"插入"→"设计特征"→"螺纹"命令，弹出"螺纹"对话框，如图 2-3-24 所示，利用该对话框对上一步六边体进行螺纹设计操作，在对话框中"螺纹类型"设为"符号"，然后直接选择上顶面内圆，选中"完整螺纹"复选框，单击"应用"按钮退出对话框。

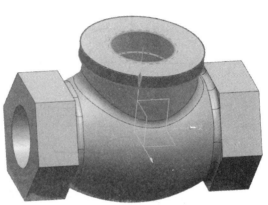

图 2-3-24　创建符号螺纹

19. 保存零件模型

选择"文件"→"保存"→"保存"命令，即可保存零件模型，结果参见图 2-3-2 所示。

任务考核

任务考核分数以百分制计算，如表 2-3-1 所示。

表 2-3-1　任务考核评价表

设计思路合理（40 分）	设计步骤合理（30 分）	各个尺寸符合要求（30 分）	总　　分

任务拓展

根据上述任务设计的方法及思路，完成同类型结构设计，如图 2-3-25 所示。

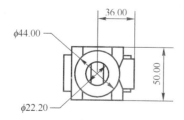

图 2-3-25　同类型结构设计图

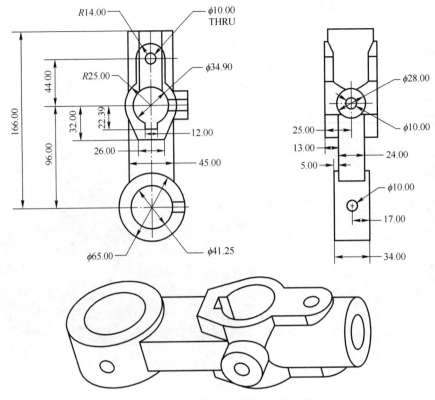

图 2-3-25　同类型结构设计图（续）

任务四　泵体零件设计

能力目标

● 具备中等复杂机械制图读图的能力。

● 能正确分析设计思路，绘制曲线，并熟练应用组合体进行设计。

● 会初步判断建模顺序，并合理安排设计过程。

知识目标

● 了解常见泵体类零件，熟悉机械零件结构知识。

● 掌握草图绘制方法、孔的设计及布尔运算等知识。

● 掌握拉伸、回转及边倒圆等知识要点。

素质目标

● 培养学生善于观察、思考的习惯。

● 培养学生动手操作的能力。

● 培养学生团队协作、共同解决问题的能力。

任务导入

根据图 2-4-1 所示，完成泵体零件造型设计。

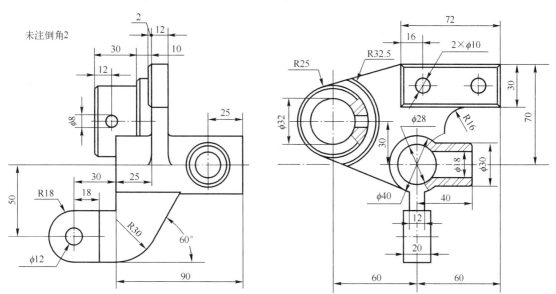

图 2-4-1　泵体零件设计工程图

任务分析

泵体零件是由多个圆柱体和四个方块连接而成，通过对单一零件的设计再组合来完成整个泵体零件的设计。在任务设计过程中，要充分考虑构图面的选取、布尔运算的应用等。

任务实施

打开 UG NX 10.0 软件，选择"文件"→"新建"→"模型"，单击"确定"按钮，进入 NX 绘图界面，然后选择"应用模块"→"建模"，进入建模设计模块。本任务绘制产品为泵体零件，效果如图 2-4-2 所示。

1. 绘制俯视图草图

选择菜单栏中的"插入"→"在任务环境中绘制草图"（或选择菜单栏中的"主页"，在功能区选择"草图"）命令，选择 Y-Z 平面作为草图平面，绘制如图 2-4-3 所示的草图曲线，完成后退出草图界面。

图 2-4-2　泵体零件

2. 创建拉伸体（一）

（1）创建 φ50 与 φ32 两个圆的拉伸体。单击工具栏中的 按钮或选择"插入"→"设计特征"→"拉伸"命令，弹出"拉伸"对话框，如图 2-4-4 所示，利用该对话框对上述草图进行拉伸操作，限制距离设为 50。（首先过滤为"单条曲线"，然后拉伸 φ50 与 φ32 两个圆）

（2）创建 R32.5 圆弧台阶拉伸体。方法同上述一致，区别是在过滤对话框里单击"在相交处停止"按钮。设置限制距离为 20，"布尔"为求和，结果如图 2-4-5 所示。

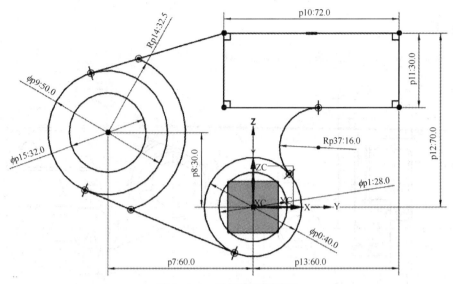

图 2-4-3　绘制俯视图草图

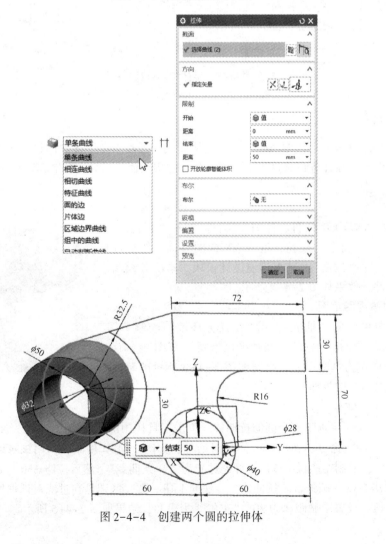

图 2-4-4　创建两个圆的拉伸体

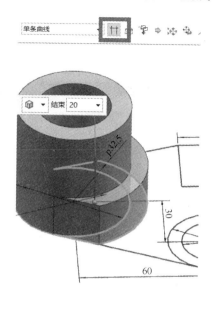

图 2-4-5　创建圆弧台阶拉伸体

（3）创建 φ40 与 φ28 两个圆的拉伸体。方法同上述一致，拉伸开始距离为-55，结束距离为 35，默认方向为"+X 轴"，布尔默认为"无"，结果如图 2-4-6 所示。

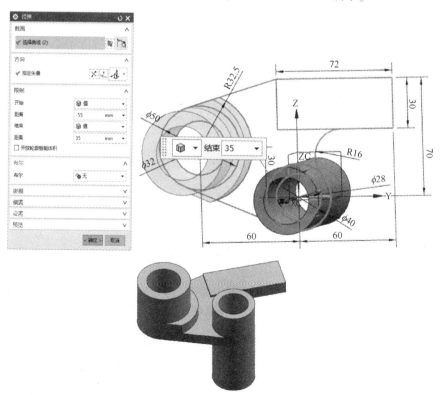

图 2-4-6　创建两个圆的拉伸体

（4）创建右上角长方体的拉伸体。方法同上述一致，在过滤对话框中单击"在相交处停止"按钮，设置拉伸开始距离为 0，结束距离为 12，默认方向为"+X 轴"，"布尔"默认为"无"，如图 2-4-7 所示。

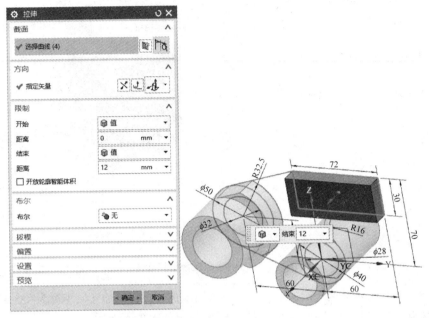

图 2-4-7　创建长方体的拉伸体

（5）创建中间体的拉伸体。方同与上述一致，在过滤对话框里单击"在相交处停止"按钮，设置拉伸开始距离为 0，结束距离为 10，默认方向为"+X 轴"，"布尔"默认为"求和"，并与左边的台阶体求和，结果如图 2-4-8 所示。

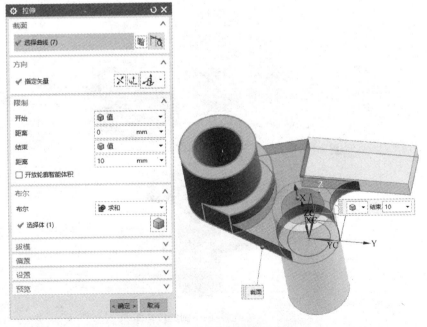

图 2-4-8　创建中间体的拉伸体

3. 绘制侧面草图

选择菜单栏中的"插入"→"在任务环境中绘制草图"（或选择菜单栏中的"主页"，在功能区选择"草图"）命令，选择 X-Z 平面作为草图平面，绘制如图 2-4-9 所示的草图曲线，完成后退出草图界面。

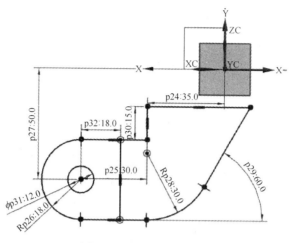

图 2-4-9　绘制侧面草图

4. 创建拉伸体（二）

（1）单击工具栏中 按钮或选择"插入"→"设计特征"→"拉伸"命令，弹出"拉伸"对话框，如图 2-4-10 所示。在过滤对话框中单击"在相交处停止"按钮，设置拉伸方向为 +Y 轴，"结束"为"对称值"，距离为 10。

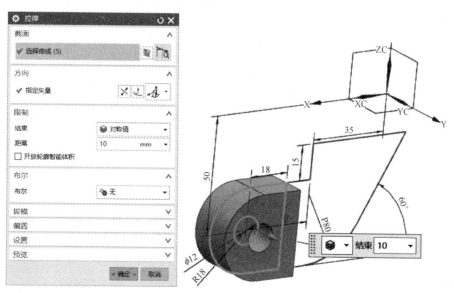

图 2-4-10　创建拉伸体

（2）创建中间体的拉伸体。方法与上述一致，在过滤对话框中单击"在相交处停止"按钮，默认方向为"+Y 轴"，设置"结束"设为"对称值"，"距离"为 6，"布尔"默认为"求和"，并与左边的体求和，如图 2-4-11 所示。

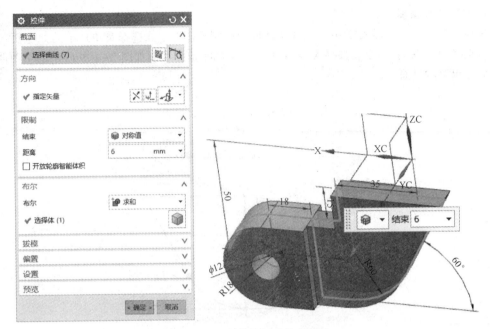

图 2-4-11　创建中间体的拉伸体

5. 绘制草图

选择菜单栏中的"插入"→"在任务环境中绘制草图"（或选择菜单栏中的"主页"，在功能区选择"草图"）命令，选择 Y-Z 平面作为草图平面，绘制如图 2-4-12 所示的草图曲线，完成后退出草图界面。（圆 $\phi16$，距离边为 16，锁住中点）

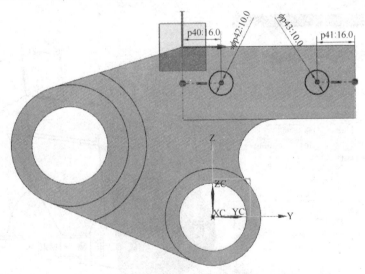

图 2-4-12　绘制草图

6. 创建拉伸体（三）

单击工具栏中 ▨ 按钮或选择"插入"→"设计特征"→"拉伸"命令，弹出"拉伸"对话框，如图 2-4-13 所示。设置拉伸开始距离为-60，结束距离为 10，默认方向，"布尔"为"求差"，并与长方体求差。

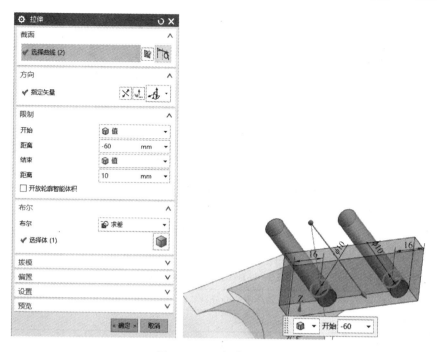

图 2-4-13　创建拉伸体

7. 求和

单击工具栏中的求和按钮📦或选择"插入"→"组合"→"求和"命令，弹出"求和"对话框，"目标"为图中任意一实体，"工具"选择所有实体，结果如图 2-4-14 所示。

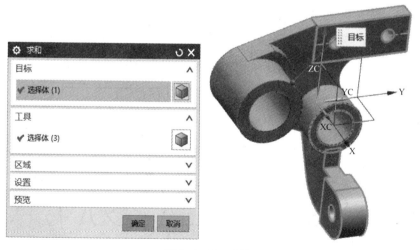

图 2-4-14　求和

8. 创建倒斜角

单击📦按钮或选择"插入"→"设计特征"→"倒斜角"命令，弹出"倒斜角"对话框，如图 2-4-15 所示，利用该对话框可以生成斜角 2。

9. 保存零件模型

选择"文件"→"保存"→"保存"命令，即可保存零件模型，结果参见图 2-4-2。

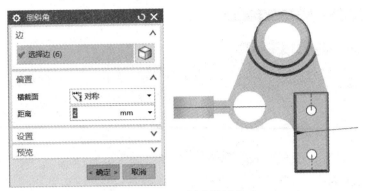

图 2-4-15　创建倒斜角

📋 **任务考核**

任务考核分数以百分制计算，如表 2-4-1 所示。

表 2-4-1　任务考核评价表

设计思路合理（40分）	设计步骤合理（30分）	各个尺寸符合要求（30分）	总　　分

👉 **任务拓展**

根据上述任务设计的方法及思路，完成图 2-4-16 所示同类型结构设计。

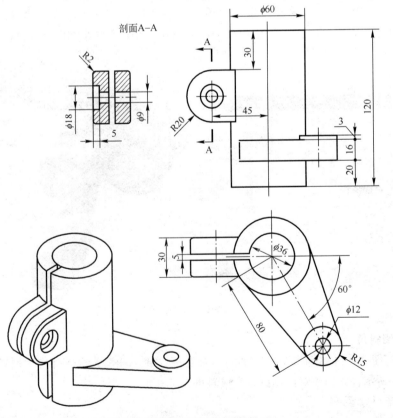

图 2-4-16　同类型结构设计图

任务五　中通零件设计

能力目标

● 具备中通零件设计的能力。
● 能正确分析设计思路，对同类型机械零件进行设计。
● 会初步判断建模顺序，并合理安排设计过程。

知识目标

● 了解中通零件的结构特征，熟悉机械零件结构知识。
● 掌握草图绘制方法、基准平面设计及通用概念设计等知识。
● 掌握中通零件的设计要点。

素质目标

● 培养学生善于观察、思考的习惯。
● 培养学生手动操作的能力。
● 培养学生团队协作、共同解决问题的能力。

任务导入

根据图 2-5-1 完成中通零件的造型设计。

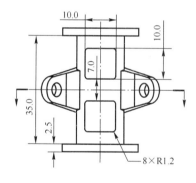
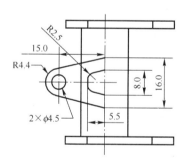
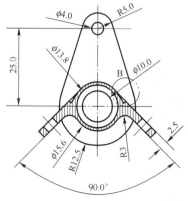
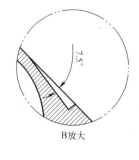
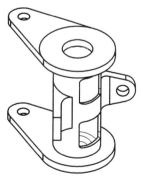

图 2-5-1　中通零件设计工程图

任务分析

此中通零件是由圆柱体、薄片体零件组成，通过对圆柱体特征进行增加或减少，来完成整个中通零件的设计。在任务设计过程中，要充分考虑布尔运算的应用、构图平面、设计顺序等。

任务实施

打开 UG NX 10.0 软件，选择"文件"→"新建"→"模型"，单击"确定"按钮，进入 NX 绘图界面，然后选择"应用模块"→"建模"，进入建模设计模块。本任务绘制产品为中通零件，效果如图 2-5-2 所示。

1. 绘制俯视图草图

选择菜单栏中的"插入"→"在任务环境中绘制草图"（或选择菜单栏中的"主页"，在功能区选择"草图"）命令，选择 XC-YC 平面作为草图平面，绘制如图 2-5-3 所示的草图曲线，完成后退出草图界面。

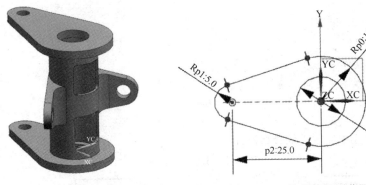

图 2-5-2　中通零件　　　　　图 2-5-3　绘制俯视图草图

2. 创建拉伸体（一）

选择"插入"→"设计特征"→"拉伸"命令，弹出"拉伸"对话框，如图 2-5-4 所示。利用该对话框可以进行拉伸操作，方向设为-Z轴，拉伸距离设为 2.5。（切记：只拉伸外面，内圆不拉伸，利用过滤器过滤拉伸曲线）

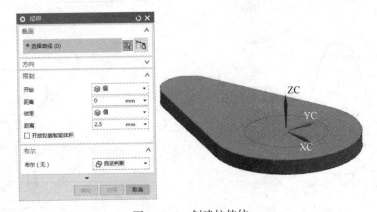

图 2-5-4　创建拉伸体

3. 创建凸台

选择"插入"→"设计特征"→"凸台"命令，弹出"凸台"对话框，如图 2-5-5 所示。利用该对话框可以进行凸台操作，直径设为 15.6，高度设为 35。（放置面为顶面，单击"应用"按钮，弹出"定位"对话框，选择"点落在点上"，然后选择上述草图 R12.5 的圆弧，在"设置圆弧的位置"对话框中选择"圆弧中心"，即可定位为同心）

图 2-5-5　创建凸台

4. 创建基准平面（一）

选择"插入"→"基准/点"→"基准平面"命令，弹出"基准平面"对话框，如图 2-5-6 所示。利用该对话框可以生成新基准平面，基准平面距离原点的距离设为 20。（首先选择 X-Y 平面，然后在"距离"文本框中输入 20 即可）

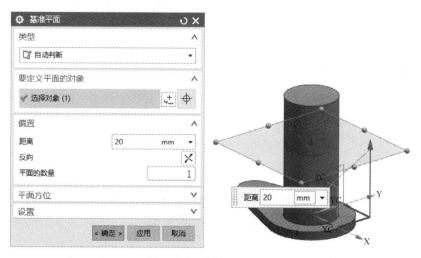

图 2-5-6　创建基准平面

5. 创建镜像特征（一）

选择"插入"→"关联复制"→"镜像特征"命令，弹出"镜像特征"对话框，在"要镜像的特征"中选择第2步创建的拉伸体，"镜像平面"中选取上一步创建的新平面即可，如图2-5-7所示。利用该对话框可以进行镜像操作。

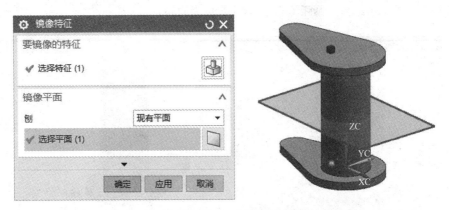

图 2-5-7　创建镜像特征

6. 求和（一）

选择"插入"→"组合"→"求和"命令，弹出"求和"对话框，如图2-5-8所示。利用该对话框可以生成求和。

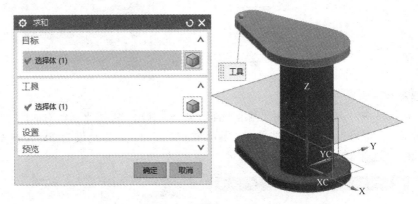

图 2-5-8　求和

7. 创建基准平面（二）

选择"插入"→"基准/点"→"基准平面"命令，弹出"基准平面"对话框，首先单击坐标系中的 Y–Z 平面，然后再点击 X–Z 平面，系统生成 Y–Z 平面与 X–Z 平面的中间平分平面，如图2-5-9所示。利用该对话框可以创建基准平面。

8. 创建基准平面（三）

选择"插入"→"基准/点"→"基准平面"命令，弹出"基准平面"对话框，先单击第7步形成的平面，然后单击第3步凸台圆柱表面，接着在对话框的"角度"中输入90，即可形成平面并与凸台圆柱表面相切的新平面，如图2-5-10所示。

9. 绘制草图（一）

利用第8步创建的新平面，建立草图。草图尺寸如图2-5-11所示。

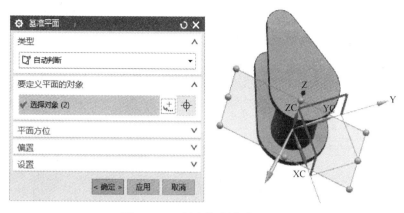

图 2-5-9　创建基准平面（二）

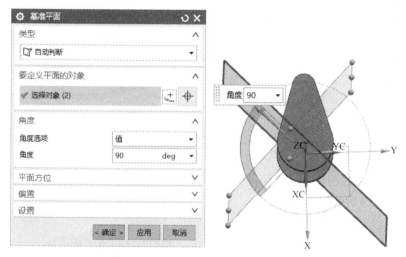

图 2-5-10　创建基准平面（三）

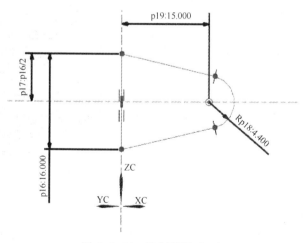

图 2-5-11　绘制草图（一）

10. 创建拉伸体（二）

选择"插入"━➤"设计特征"━➤"拉伸"命令，弹出"拉伸"对话框，注意拉伸方向

（与默认相反），拉伸距离设为 2.5，结果如图 2-5-12 所示。利用该对话框可以进行拉伸。

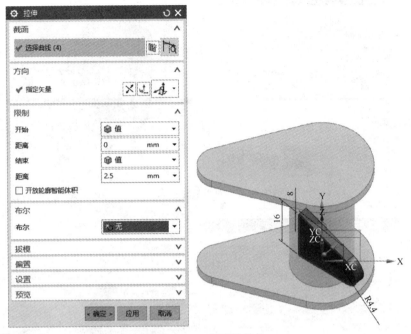

图 2-5-12　创建拉伸体

11. 求和（二）

选择"插入"→"组合"→"合并"命令，弹出"合并"对话框，如图 2-5-13 所示。利用该对话框可以进行求和。

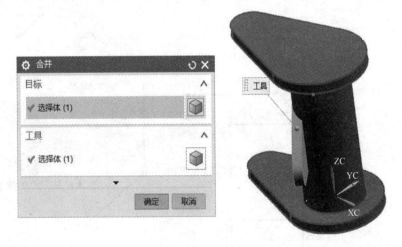

图 2-5-13　求和

12. 创建镜像特征（二）

选择"插入"→"关联复制"→"镜像特征"命令，弹出"镜像特征"对话框，如图 2-5-14 所示，利用该对话框可以进行镜像操作。

13. 绘制草图（二）

利用第 8 步创建的平面，建立草图。尺寸如图 2-5-15 所示。

图 2-5-14　创建镜像特征

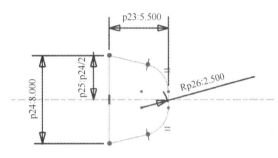

图 2-5-15　绘制草图

14. 创建拉伸体（三）

选择"插入"→"设计特征"→"拉伸"命令，弹出"拉伸"对话框，如图 2-5-16 所示。利用该对话框可以生成拉伸，拉伸距离设为 10。

图 2-5-16　创建拉伸体

15. 创建基准轴

选择"插入"→"基准/点"→"基准轴"命令，弹出"基准轴"对话框，如图 2-5-17

所示。利用该对话框可以生成基准轴。（选择第13步草图竖直线为轴）

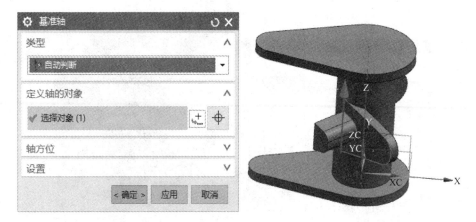

图 2-5-17　创建基准轴

16. 创建基准平面（四）

选择"插入"→"基准/点"→"基准平面"命令，弹出"基准平面"对话框，首先单击第8步创建的平面，然后单击第15步创建的轴，在对话框的"角度"文本框中输入-7.5（注意方向），系统形成新平面，如图2-5-18所示。利用该对话框可以创建基准平面。

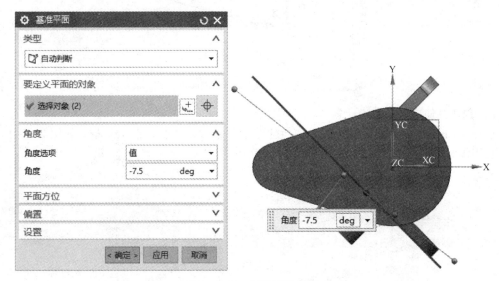

图 2-5-18　创建基准平面

17. 修剪体

利用16步的基准平面修剪第14步创建的拉伸体。选择"插入"→"修剪"→"修剪体"命令，弹出"修剪体"对话框，如图2-5-19所示，利用该对话框可以进行修剪体。（切记：修剪时注意保留体的方向，需要换向时，单击对话框中的"反向"按钮）

18. 创建镜像特征（三）

选择"插入"→"关联复制"→"镜像特征"命令，弹出"镜像几何体"对话框，镜像第17步修剪好的体，如图2-5-20所示。利用该对话框可以进行镜像操作。

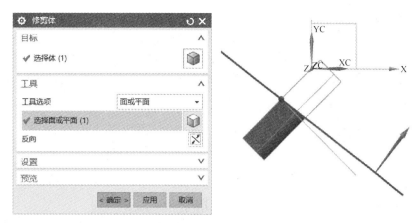

图 2-5-19　修剪体

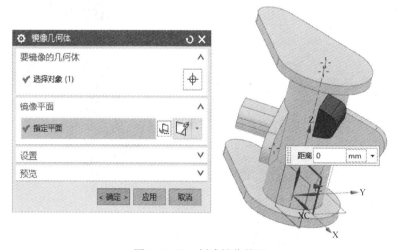

图 2-5-20　创建镜像特征

19. 求差

拉伸第 1 步草图 ϕ13.8 的圆，形成体。选择"插入"→"组合"→"求差"命令，弹出"求差"对话框，利用该对话框可以求差，如图 2-5-21 所示。

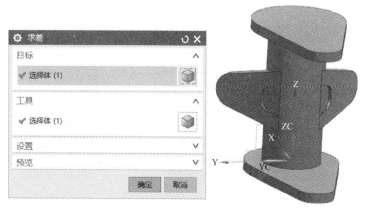

图 2-5-21　求差

20. 创建拉伸体 (四)

拉伸第 1 步草图 $\phi13.8$ 圆弧。选择"插入"→"设计特征"→"拉伸"命令,弹出"拉伸"对话框,如图 2-5-22 所示。利用该对话框可以生成拉伸,开始拉伸距离设为 0,结束距离设为 35,"布尔"设为"求差",与第 3 步凸台体求差。(通过截面图看到,中间已中通)

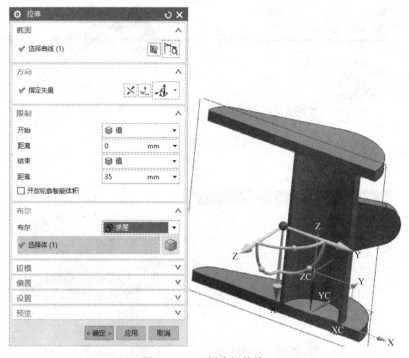

图 2-5-22 创建拉伸体

21. 创建腔体

选择"插入"→"设计特征"→"腔体"命令,弹出"矩形腔体"对话框,如图 2-5-23 所示。利用该对话框可以生成腔体,设置长度为 10,宽度为 10,深度为 10,拐角半径为 1.2,底面半径为 10。(如果对腔体操作不熟悉,此步可绘制草图,拉伸求差,具体定位尺寸参考工程图)

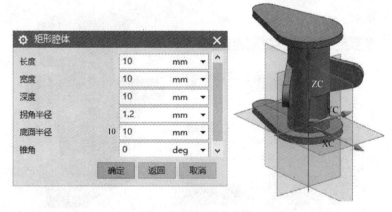

图 2-5-23 创建腔体

22. 创建镜像特征（四）

选择"插入"→"关联复制"→"镜像特征"命令，弹出"镜像特征"对话框，如图 2-5-24 所示。利用该对话框可以进行镜像操作。

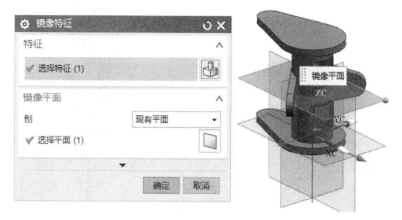

图 2-5-24　创建镜像特征

23. 创建孔

（1）选择"插入"→"设计特征"→"孔"命令，弹出"孔"对话框，如图 2-5-25 所示。利用该对话框可以生成简单孔，设置直径为 10，深度为 50，顶锥角为 118°。（孔位置选择上顶面大圆弧中心）

图 2-5-25　创建孔（一）

（2）选择"插入"→"设计特征"→"孔"命令，弹出"孔"对话框，如图 2-5-26 所示。利用该对话框可以生成简单孔，设置直径为 4，深度为 50，顶锥角 118°。（孔位置选择上顶面小圆弧中心）

（3）选择"插入"→"设计特征"→"孔"命令，弹出"孔"对话框，如图 2-5-27 所示。利用该对话框可以生成简单孔，设置直径为 4.5，深度为 50，顶锥角为 118°。（孔位置选择左侧小圆弧中心）

图 2-5-26　创建孔（二）

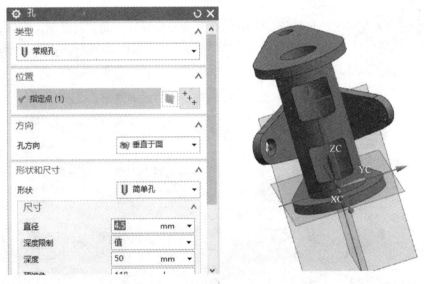

图 2-5-27　创建孔（三）

（4）选择"插入"→"设计特征"→"孔"命令，弹出"孔"对话框，如图 2-5-28 所示。利用该对话框可以生成简单孔，设置直径为 4.5，深度为 50，顶锥角为 118°。（孔位置选择右侧小圆弧中心）

24. 创建边倒圆

选择"插入"→"细节特征"→"边倒圆"命令，弹出"边倒圆"对话框，如图 2-5-29 所示。利用该对话框可以生成边倒圆，设置半径 3。

25. 保存零件模型

选择"文件"→"保存"→"保存"命令，即可保存零件模型，结果参见图 2-5-2。

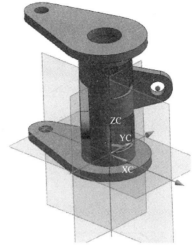

图 2-5-28 创建孔（四）

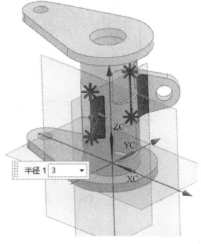

图 2-5-29 创建边倒圆

任务考核

任务考核分数以百分制计算，如表 2-5-1 所示。

表 2-5-1 任务考核评价表

设计思路合理（40 分）	设计步骤合理（30 分）	各个尺寸符合要求（30 分）	总　　分

任务拓展

根据上述任务设计的方法及思路，完成如图 2-5-30 所示的同类型结构设计。

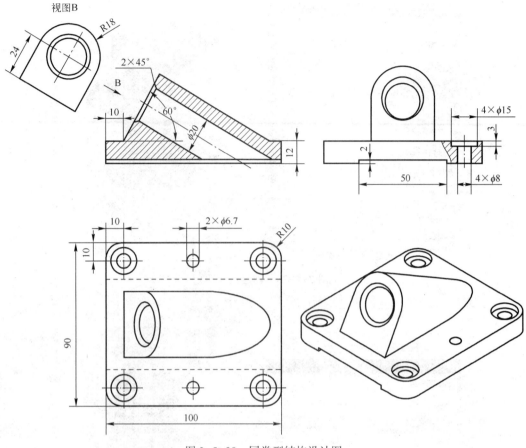

图 2-5-30　同类型结构设计图

任务六　轴类零件设计

能力目标

- 具备轴类零件设计的能力。
- 能正确分析设计思路，对同类型机械零件进行设计。
- 会初步判断建模顺序，并合理安排设计过程。

知识目标

- 了解轴类零件的结构特征，熟悉机械零件结构知识。
- 掌握草图绘制方法、阵列、槽、孔的设计及布尔运算等知识。
- 掌握螺纹设计要点。

素质目标

- 培养学生善于观察、思考的习惯。

- 培养学生手动操作的能力。
- 培养学生团队协作、共同解决问题的能力。

任务导入

根据图 2-6-1 完成轴类零件的造型设计。

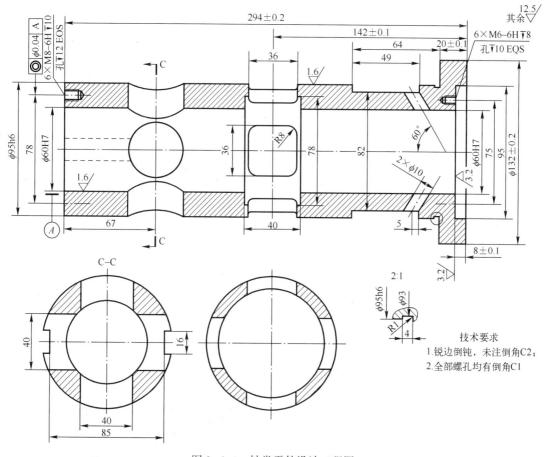

图 2-6-1　轴类零件设计工程图

任务分析

此轴类零件是由圆柱体作为基体，通过对圆柱体特征进行增加或减少，来完成整个轴类零件的设计。在任务设计过程中，要充分考虑建模顺序及阵列等的应用，以及巩固孔的设计等。

任务实施

打开 UG NX 10.0 软件，选择"文件"→"新建"→"模型"，单击"确定"按钮，进入 NX 绘图界面，然后选择"应用模块"→"建模"，进入建模设计模块。本任务绘制产品为轴类零件，效果如图 2-6-2 所示。

图 2-6-2　轴类零件

1. 创建圆柱体（一）

选择"插入"→"设计特征"→"圆柱"命令，弹出"圆柱"对话框，如图2-6-3所示。设置方向为X轴，"指定点"为坐标原点，直径为95，高度为274，利用该对话框可以进行圆柱设计。

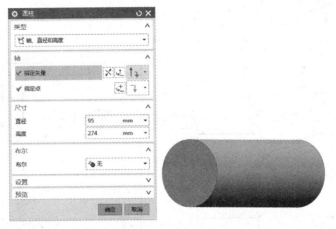

图2-6-3　创建圆柱体

2. 创建凸台

选择"插入"→"设计特征"→"凸台"命令，弹出"凸台"对话框。设置直径为132，高度为20，放置面如图2-6-4所示。利用该对话框可以进行边凸台设计。

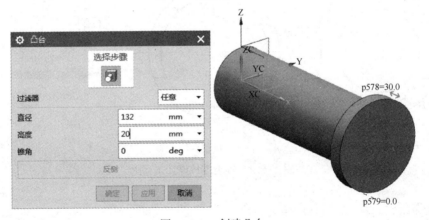

图2-6-4　创建凸台

3. 创建沉头孔

选择"插入"→"设计特征"→"孔"命令，弹出"孔"对话框。设置位置为第2步凸台外圆心，"形状"选择"沉头"，创建一个沉头直径为95，沉头深度为8的沉头孔，孔直径设为60，深度设为500（或贯通体），其他默认，如图2-6-5所示。利用该对话框可以生成沉头孔。

4. 创建小孔

选择"插入"→"设计特征"→"孔"命令，弹出"孔"对话框，选择要打孔的表面，进入草图界面，先控制好一个点，如先定好X=0，Y=37.5点，然后退出草图界面，回到"孔"对话框，"形状"选择"简单"，创建一个简单孔，设置直径为4.8，深度为10，其他默认，如图2-6-6所示。

图 2-6-5 创建沉头孔

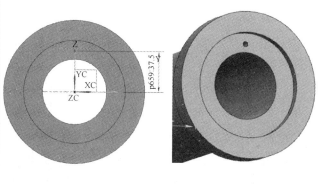

图 2-6-6 创建小孔

5. 创建阵列特征

单击工具栏中的 按钮或选择"插入"→"关联复制"→"阵列特征"命令，弹出"阵列特征"对话框，"要阵列的特征"为上一步创建的小孔，设置"布局"为圆形，"矢量"为+X轴，"指定点"为坐标零点，"数量"为6，"节距角"为60°，如图2-6-7所示。利用该对话框可以生成阵列孔。

图2-6-7 创建阵列特征

6. 创建符文螺孔

单击"特征"工具栏中的 按钮或选择"插入"→"设计特征"→"螺纹"命令，弹出"编辑螺纹"对话框，分别选择小孔内孔面，设置"长度"为8，生成螺纹，如图2-6-8所示。

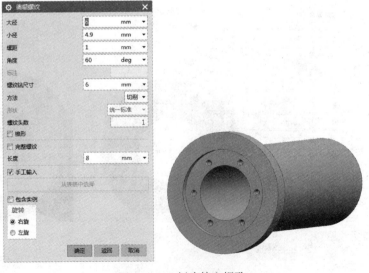

图2-6-8 创建符文螺孔

7. 创建倒斜角（一）

单击 ![按钮] 按钮或选择 "插入" → "细节特征" → "倒斜角" 命令，弹出 "倒斜角" 对话框，选择小孔表面 6 个边，距离设为 1，如图 2-6-9 所示。利用该对话框可以生成倒斜角。

图 2-6-9　创建倒斜角

8. 创建矩形槽

选择 "插入" → "设计特征" → "槽" 命令，弹出 "槽" 对话框，利用该对话框可以生成槽。具体步骤如下：

（1）弹出 "槽" 对话框后选择 "矩形"，如图 2-6-10 所示。

（2）弹出 "矩形槽" 对话框后选择 $\phi95$ 的圆弧面，如图 2-6-11 所示。

图 2-6-10　"槽" 对话框　　　　　图 2-6-11　设置矩形槽

（3）弹出 "编辑参数" 对话框后 "槽直径" 设 93，宽度设为 4，如图 2-6-12 所示。

（4）弹出 "定位槽" 对话框并显示为 "静态线框"，如图 2-6-13 所示。在静态线框下选择目标边，如图 2-6-14 所示。

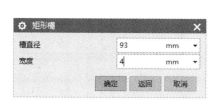

图 2-6-12　"矩形槽" 对话框　　　　图 2-6-13　定位槽

（5）又弹出 "定位槽" 对话框，选择虚线边，如图 2-6-15 所示。

（6）弹出 "创建表达式" 对话框并输入 4，如图 2-6-16 所示。

（7）通过以上几步，即可形成矩形槽，如图 2-6-17 所示。

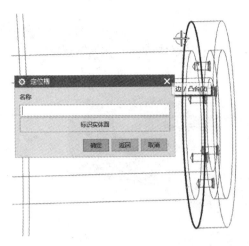

图 2-6-14　选择目标边

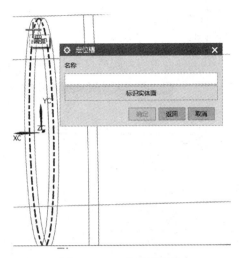

图 2-6-15　选择虚线边

图 2-6-16　"创建表达式"对话框

图 2-6-17　矩形槽

9. 创建新的基准坐标

选择"插入"→"基准/点"→"基准 CSYS"命令，创建新的基准坐标，X 轴为 274，其他不变，如图 2-6-18 所示。

10. 绘制草图（一）

选择菜单栏中的"插入"→"在任务环境中绘制草图"（或选择菜单栏中的"主页"，在功能区选择"草图"）命令，选择上一步创建的 CSYS 坐标系的 X-Z 平面作为草图平面，绘制如图 2-6-19 所示的草图曲线，完成后退出草图界面。

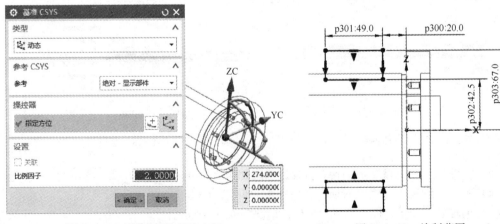

图 2-6-18　创建新的基准坐标

图 2-6-19　绘制草图

11. 创建拉伸（一）

选择"插入"→"设计特征"→"拉伸"命令，弹出"拉伸"对话框，如图 2-6-20 所示。利用该对话框可以创建拉伸。（只需贯通，不限拉伸数值，并进行求差）

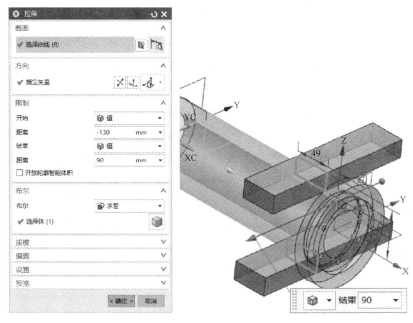

图 2-6-20　创建拉伸

12. 绘制草图（二）

选择菜单栏中的"插入"→"在任务环境中绘制草图"（或选择菜单栏中的"主页"，在功能区选择"草图"）命令，选择第 9 步创建的 CSYS 坐标系的 X-Z 平面作为草图平面，绘制如图 2-6-21 所示的草图曲线，完成后退出草图界面。（切记：绘制图上距离为 5 的平衡参考线是旋转中心）

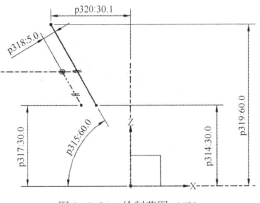

图 2-6-21　绘制草图（二）

13. 创建旋转体

选择"插入"→"设计特征"→"旋转"命令，弹出"旋转"对话框，回转曲线为上一步草图 60°的线，指定矢量为草图中参考线，"布尔"为"求差"，其他默认，如图 2-6-22 所示。利用该对话框可以生成旋转。（切记：旋转时过滤器设为单条曲线）

14. 创建镜像特征（一）

选择"插入"→"关联复制"→"镜像特征"命令，弹出"镜像特征"对话框，将上一步旋转体进行镜像，以 X-Y 为镜像平面，如图 2-6-23 所示。利用该对话框可以生成阵列特征。

15. 创建新坐标系（此步可不做，只做参考而已）

单击 按钮或选择"插入"→"基准/点"→"基准 CSYS"命令，弹出"基准 CSYS"对话框，如图 2-6-24 所示。利用该对话框可以生成新坐标系，X 轴设为 132，其他轴不变。

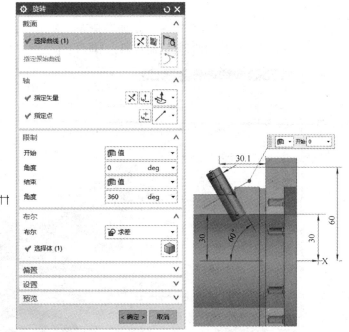

图 2-6-22　创建旋转体

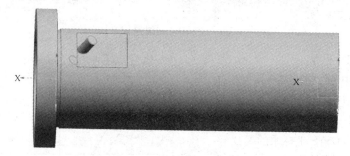

图 2-6-23　创建镜像特征

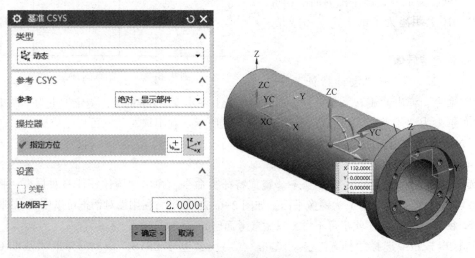

图 2-6-24　创建新坐标系

16. 创建圆柱体（二）

选择"插入"→"设计特征"→"圆柱"命令，弹出"圆柱"对话框，如图 2-6-25 所示。设置直径为 78，高为 40，"布尔"为"求差"，"矢量"为+X 轴，其他默认。利用该对话框可以创建圆柱。

图 2-6-25 创建圆柱体

17. 创建矩形腔体

选择"插入"→"设计特征"→"腔体"命令，弹出"编辑腔体参数"对话框，如图 2-6-26 所示。设置长度为 36，宽度为 36，深度为 50，拐角半径为 8，底面半径为 0。（如果对腔体操作不熟悉，此步可在 X-Z 平面绘制草图，拉伸求差，具体尺寸参考工程图）

图 2-6-26 创建矩形腔体

18. 创建圆形阵列（一）

选择"插入"→"关联复制"→"阵列特征"命令，弹出"阵列特征"对话框，如图 2-6-27 所示，利用该对话框可以生成圆柱阵列。（要阵列的特征为上述腔体，布局为圆形，轴为+X 轴，原点为坐标原点，数量为 4，节距角为 90°）

19. 绘制草图（三）

选择菜单栏中的"插入"→"在任务环境中绘制草图"（或选择菜单栏中的"主页"，在功能区选择"草图"）命令，选择原坐标系，X-Z 平面作为草图平面，坐标 X 轴为 67，Y 轴为 0，如图 2-6-28 所示，完成后退出草图界面。

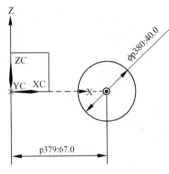

图 2-6-27 创建圆形阵列　　　　　　　　　图 2-6-28 绘制草图

20. 创建拉伸（二）

单击工具栏中 ▦ 按钮或选择"插入"→"设计特征"→"拉伸"命令，弹出"拉伸"对话框。利用该对话框对上一步草图进行拉伸操作。设置拉伸方向为-Y轴方向，开始距离为0，结束距离为90，"布尔"为"求差"，结果如图 2-6-29 所示。

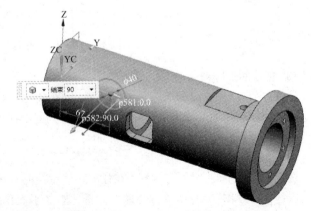

图 2-6-29 创建拉伸

21. 创建圆形阵列（二）

选择"插入"→"关联复制"→"阵列特征"命令，弹出"阵列特征"对话框，如图2-6-30所示。利用该对话框可以生成圆柱阵列。（要阵列的特征为上述拉伸孔，布局为圆形，轴为+X轴，原点为坐标原点，数量为4，角度为90°）

图2-6-30　创建圆形阵列

22. 绘制草图（四）

选择菜单栏中的"插入"→"在任务环境中绘制草图"（或选择菜单栏中的"主页"，在功能区选择"草图"）命令，选择原坐标系，Y-Z平面作为草图平面，以坐标中心为原点，绘制如图2-6-31所示草图，完成后退出草图界面。

23. 创建拉伸（三）

单击工具栏中的 按钮或选择"插入"→"设计特征"→"拉伸"命令，

图2-6-31　绘制草图

弹出"拉伸"对话框，利用该对话框对上一步草图进行拉伸操作。设置拉伸方向为-X轴方向，开始距离为0，结束距离为-67，"布尔"为"求差"，结果如图2-6-32所示。（如果拉伸方向为X轴方向，则结束距离为67）

24. 创建镜像特征（二）

选择"插入"→"关联复制"→"镜像特征"命令，弹出"镜像特征"对话框，如图2-6-33所示。利用该对话框可以创建镜像特征，以X-Y为平面，将上一步拉伸体创建镜像特征。

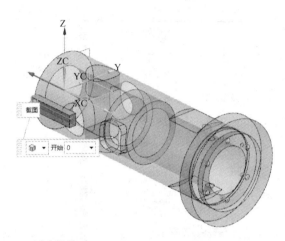

图 2-6-32　创建拉伸（三）

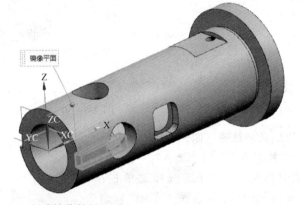

图 2-6-33　创建镜像特征（二）

25. 创建孔

选择"插入"→"设计特征"→"孔"命令，弹出"孔"对话框，如图 2-6-34 所示。利用该对话框可以生成简单孔，设置直径为 6.65，深度为 12，顶锥角为 118°。（选择图 2-6-34 所示放置面，系统会进入草图，在草图中按工程图尺寸定位好点，完成后退出草图，回到"孔"对话框）

26. 创建圆形阵列（三）

选择"插入"→"关联复制"→"阵列特征"命令，弹出"阵列特征"对话框，如图 2-6-35 所示。利用该对话框可以创建圆形阵列。

27. 创建符号特征

选择"插入"→"设计特征"→"螺纹"命令，弹出"编辑螺纹"对话框，如图 2-6-36 所示。利用该对话框对上一步所有的小孔生成螺纹。

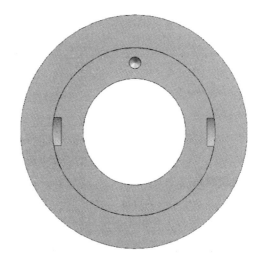

图 2-6-34　创建孔

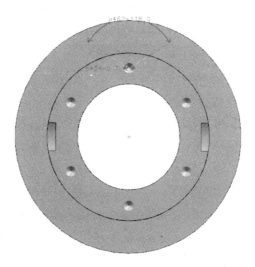

图 2-6-35　创建圆形阵列

图 2-6-36　创建符号特征

28. 创建倒斜角（二）

选择"插入"→"细节特征"→"倒斜角"命令，弹出"倒斜角"对话框，如图 2-6-37 所示。利用该对话框对上一步生成螺纹的小孔创建倒斜角。

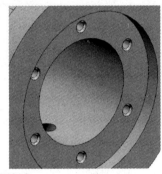

图 2-6-37　创建倒斜角

29. 创建边倒圆

（1）选择"插入"→"细节特征"→"边倒圆"命令，弹出"边倒圆"对话框，如图 2-6-38 所示。利用该对话框可以创建边倒圆。

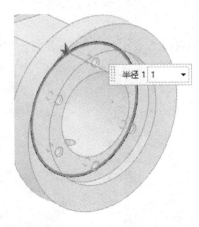

图 2-6-38　创建边倒圆（一）

（2）选择"插入"→"细节特征"→"边倒圆"命令，弹出"边倒圆"对话框，如图2-6-39 所示。利用该对话框可以生成边倒圆。

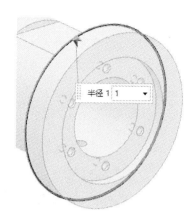

图 2-6-39 创建边倒圆（二）

30. 保存零件模型

选择"文件"→"保存"→"保存"命令，即可保存零件模型，结果参见图2-6-2。

任务考核

任务考核分数以百分制计算，如表2-6-1所示。

表 2-6-1 任务考核评价表

设计思路合理（40分）	设计步骤合理（30分）	各个尺寸符合要求（30分）	总 分

任务拓展

根据上述任务设计的方法及思路，完成如图2-6-40所示的同类型结构设计。

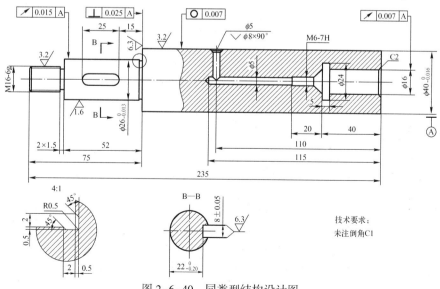

图 2-6-40 同类型结构设计图

任务七　支架零件设计

能力目标

- 具备支架零件设计的能力。
- 能正确分析设计思路，对同类型机械零件进行设计。
- 会初步判断建模顺序，并合理安排设计过程。

知识目标

- 了解常见支架零件的结构特征，熟悉机械零件结构知识。
- 掌握草图绘制方法、孔的设计及布尔运算等知识。
- 掌握支架零件的设计要点。

素质目标

- 培养学生善于观察、思考的习惯。
- 培养学生手动操作的能力。
- 培养学生团队协作、共同解决问题的能力。

任务导入

根据图 2-7-1 完成支架零件造型设计。

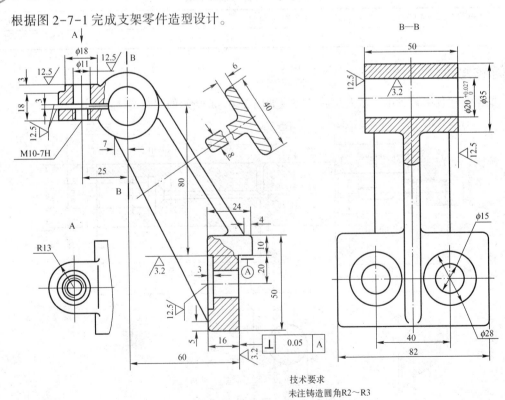

技术要求
未注铸造圆角R2～R3

图 2-7-1　支架零件设计工程图

任务分析

支架零件是由底板（作为基体）、圆柱体、顶板、加强筋组成，通过对单一零件的设计再组合来完成整个支架零件的设计。在任务设计过程中，要充分考虑布尔运算的应用、孔设计顺序等。

任务实施

打开 UG NX 10.0 软件，选择"文件"→"新建"→"模型"，单击"确定"按钮，进入 NX 绘图界面，然后选择"应用模块"→"建模"，进入建模设计模块。本任务绘制产品为支架零件，效果如图 2-7-2 所示。

1. 绘制俯视图草图

选择菜单栏中的"插入"→"在任务环境中绘制草图"（或选择菜单栏中的"主页"，在功能区选择"草图"）命令，选择 X-Y 平面作为草图平面，绘制如图 2-7-3 所示的草图曲线，完成后退出草图界面。

图 2-7-2 支架零件

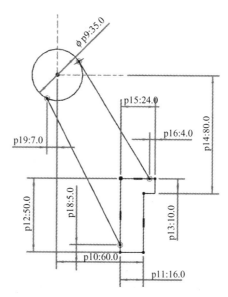

图 2-7-3 绘制俯视图草图

2. 创建拉伸体（一）

（1）单击工具栏中的 ▨ 按钮或选择"插入"→"设计特征"→"拉伸"命令，弹出"拉伸"对话框，先进行过滤，拉伸 φ35 的圆，设为"对称值"，距离为 25，如图 2-7-4 所示。利用该对话框可以进行拉伸操作。

（2）与上述同理，重复上一步操作得出图 2-7-5，拉伸设为"对称值"，限制距离设为 41。（切记过滤曲线）

（3）再一次重复拉伸操作。如图 2-7-6 所示，拉伸设为"对称值"，距离设为 20，"布尔"设为"求和"，与下面体求和。（切记过滤曲线，布尔这步也可在下步统一做）

（4）再次重复拉伸操作。如图 2-7-7 所示，拉伸设为"对称值"，距离设为 4。（切记过滤曲线及在相交处停止）

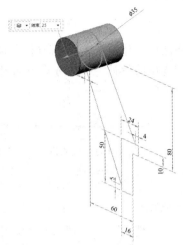

图 2-7-4　创建拉伸体（一）

图 2-7-5　创建拉伸体（二）

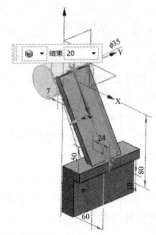

图 2-7-6　创建拉伸体（三）

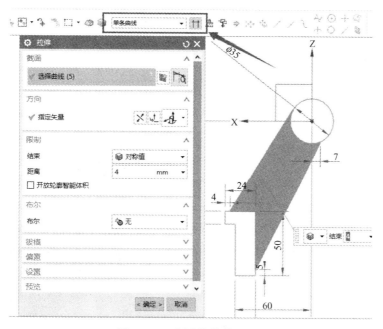

图 2-7-7　创建拉伸体（四）

3. 创建合并体

单击工具栏中的 合并 按钮或选择"插入"→"组合"→"求和"命令，如图 2-7-8 所示。（选择其中一个为目标体，其他为工具体，最终所有成一体）

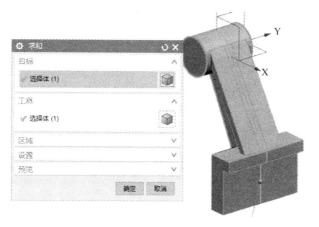

图 2-7-8　创建合并体

4. 绘制草图（一）

选择菜单栏中的"插入"→"在任务环境中绘制草图"（或选择菜单栏中的"主页"，在功能区选择"草图"）命令，选择 X-Y 平面作为草图平面，绘制如图 2-7-9 所示的草图曲线，完成后退出草图界面。

5. 创建拉伸体（二）

单击工具栏中的 按钮或选择"插入"→"设计特征"→"拉伸"命令，弹出"拉伸"对话框，如图 2-7-10

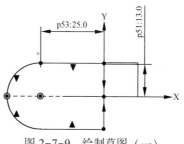

图 2-7-9　绘制草图（一）

所示。利用该对话框对上一步创建的草图进行拉伸操作。（拉伸设为"对称值"，距离设为9，"布尔"设为"求和"）

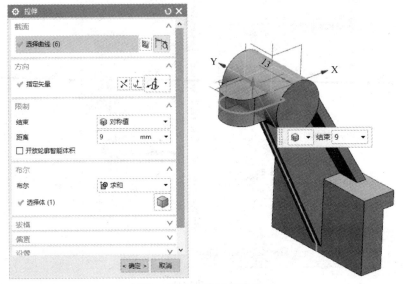

图 2-7-10　创建拉伸体

6. 创建凸台

单击"特征"工具栏中的按钮或选择"插入"→"设计特征"→"凸台"命令，弹出"编辑参数"对话框，如图 2-7-11 所示。利用该对话框可以生成凸台。（放置面为上拉伸体顶面，直径设为18，高度设为3，定位为圆弧中心）

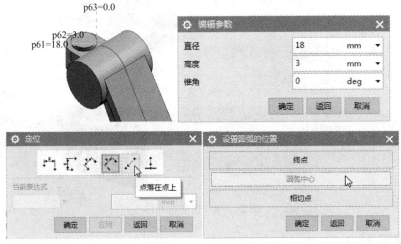

图 2-7-11　创建凸台

7. 创建简单孔（一）

单击按钮或选择"插入"→"设计特征"→"孔"命令，弹出"孔"对话框，直径设为20，如图 2-7-12 所示。利用该对话框可以生成孔。（放置面与定位如图所示）

8. 绘制草图（二）

选择菜单栏中的"插入"→"在任务环境中绘制草图"（或选择菜单栏中的"主页"，在功能区选择"草图"）命令，选择 X-Y 平面作为草图平面，绘制如图 2-7-13 所示的草图曲线，

完成后退出草图界面。（利用第 4 步创建的草图，绘制中间线的草图线）

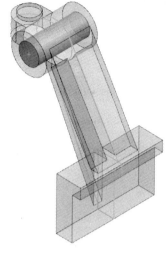

图 2-7-12 创建简单孔

9. 创建拉伸体（三）

单击工具栏中的 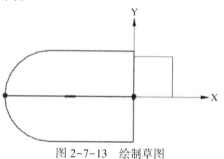 按钮或选择"插入"→
"设计特征"→"拉伸"命令，弹出"拉伸"对话
框，选择上一步创建的草图线，如图 2-7-14 所示。
利用该对话框可以进行拉伸操作。（拉伸开始距离设
为-42，结束距离设为 52，"布尔"设为"求差"，
"偏置"选取"对称"，"结束"设为 1.5）

图 2-7-13 绘制草图

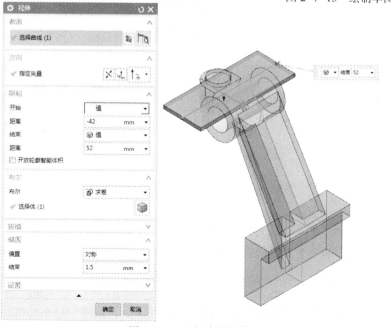

图 2-7-14 创建拉伸体

10. 创建简单孔（二）

（1）单击 ![按钮] 按钮或选择"插入"→"设计特征"→"孔"命令，弹出"孔"对话框，如图 2-7-15 所示。利用该对话框可以创建孔。（打孔位置为第 6 步凸台圆弧中心，直径设为 11，深度设为 12）

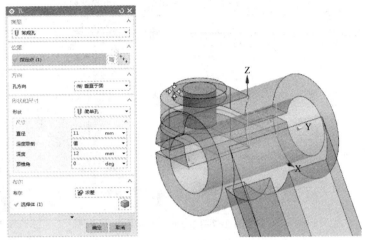

图 2-7-15　创建简单孔（一）

（2）单击 ![按钮] 按钮或选择"插入"→"设计特征"→"孔"命令，弹出"孔"对话框，同理生成直径为 8.5 的孔，如图 2-7-16 所示。利用该对话框可以创建孔。

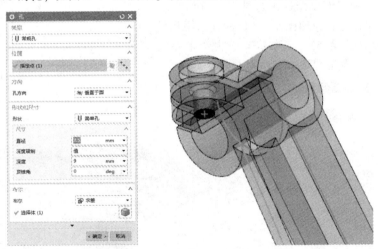

图 2-7-16　创建简单孔（二）

11. 创建螺纹

对上一步直径为 8.5 的小孔创建符号螺纹。单击 ![按钮] 按钮或选择"插入"→"设计特征"→"螺纹"命令，弹出"螺纹"对话框，选择圆内表面即可，如图 2-7-17 所示。利用该对话框可以生成螺纹。

12. 创建边倒圆

（1）单击 ![按钮] 按钮或选择"插入"→"细节特征"→"边倒圆"命令，弹出"边倒圆"对话框，如图 2-7-18 所示。利用该对话框可以进行边倒圆操作。

图 2-7-17　创建螺纹

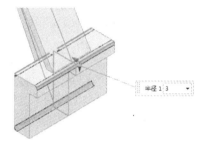

图 2-7-18　创建边倒圆（一）

（2）按上一步的步骤再次进行边倒圆，如图 2-7-19 所示。

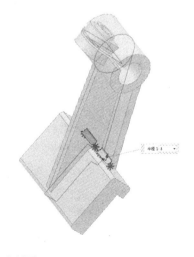

图 2-7-19　创建边倒圆（二）

（3）按上面的步骤再次创建边倒圆，如图 2-7-20 所示。

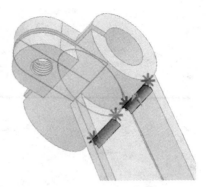

图 2-7-20 创建边倒圆（三）

（4）按上面的步骤再次创建边倒圆，如图 2-7-21 所示。

图 2-7-21 创建边倒圆（四）

（5）按上面的步骤再次创建边倒圆，如图 2-7-22 所示。

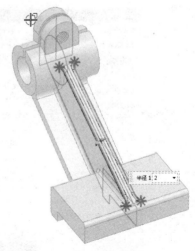

图 2-7-22 创建边倒圆（五）

13. 创建沉头孔

单击孔按钮 或选择"插入"→"设计特征"→"孔"命令，弹出"孔"对话框，选择要打孔的表面，进入草图界面，先控制好一个点，如先定好 X = 20，Y = 100 点，完成后退出草图界面，回到"孔"对话框，"形状"选择"沉头"，沉头直径设为 28，沉头深度设为 3，孔直径设为 15，深度限制设为"贯通体"，如图 2-7-23 所示。利用该对话框即可创建沉头孔。

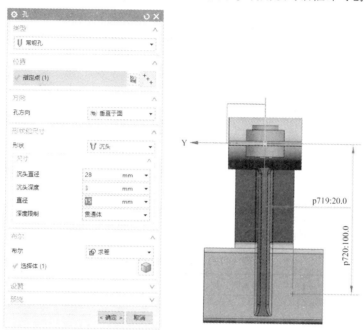

图 2-7-23　沉头孔

14. 创建镜像体

单击 按钮或选择"插入"→"关联复制"→"镜像特征"命令，弹出"镜像特征"对话框，如图 2-7-24 所示。利用该对话框可以创建镜像体。

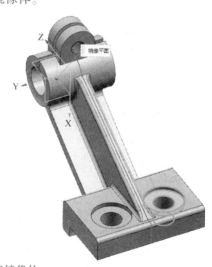

图 2-7-24　创建镜像体

15. 创建边倒圆

单击 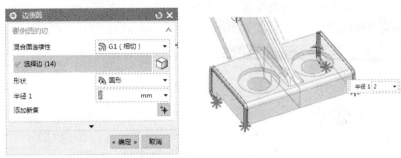 按钮或选择"插入" → "细节特征" → "边倒圆"命令，弹出"边倒圆"对话框，如图 2-7-25 所示。利用该对话框可以创建边倒圆。

图 2-7-25　创建边倒圆

16. 保存零件模型

选择"文件" → "保存" → "保存"命令，即可保存零件模型，结果参见图 2-7-2。

任务考核

任务考核分数以百分制计算，如表 2-7-1 所示。

表 2-7-1　任务考核评价表

设计思路合理（40 分）	设计步骤合理（30 分）	各个尺寸符合要求（30 分）	总　　分

任务拓展

根据上述任务设计的方法及思路，完成图 2-7-26 所示的同类型结构设计。

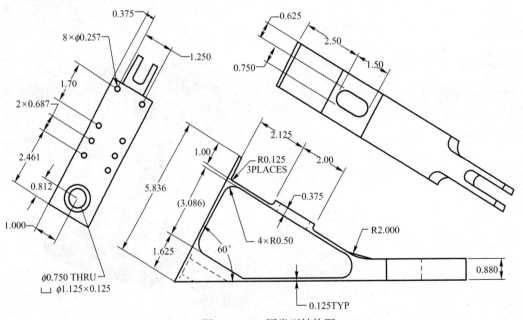

图 2-7-26　同类型结构图

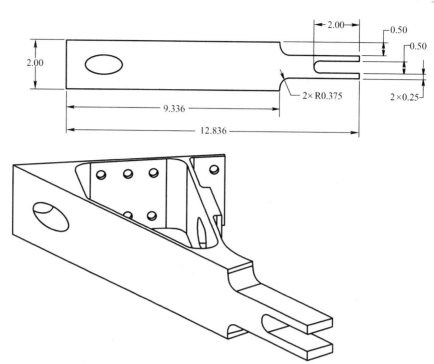

图 2-7-26 同类型结构图（续）

项目三 塑料件产品设计

本项目主要讲解常见的塑料件产品三维绘图的设计方法，塑料产品广泛应用于日常生活中。本项目通过 5 个任务进行讲解，其中涉及的每个任务的设计都有各自的特点，知识点较多，如加强筋、上下盖定位配合结构、拔模及圆角设计等。具体安排如下：

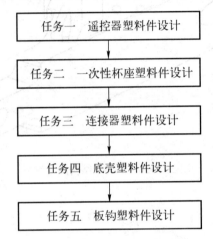

```
任务一   遥控器塑料件设计
        ↓
任务二   一次性杯座塑料件设计
        ↓
任务三   连接器塑料件设计
        ↓
任务四   底壳塑料件设计
        ↓
任务五   板钩塑料件设计
```

任务一　遥控器塑料件设计

能力目标

- 具备塑料产品设计的能力。
- 能正确分析设计思路，对同类型塑料产品进行设计。
- 会初步判断建模顺序，会用阵列等应用，并合理安排设计过程。

知识目标

- 了解常见塑料产品的设计，熟悉塑料产品结构知识。
- 掌握草图绘制方法，阵列、腔体、拔模角孔的设计及布尔运算等知识。
- 掌握加强筋设计要点。

素质目标

- 培养学生善于观察、思考的习惯。
- 培养学生动手操作能力。
- 培养学生团队协作、共同解决问题的能力。

任务导入

根据图 3-1-1 完成遥控器塑料件的造型设计。

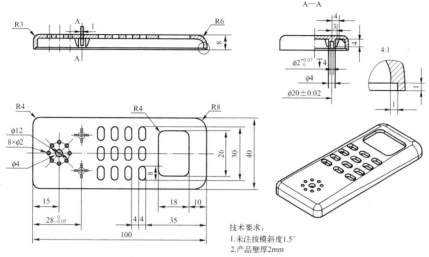

图 3-1-1 遥控器塑料件设计工程图

任务分析

遥控器塑料件是由长方体作为基体，通过对长方体进行抽壳等命令操作来完成整个遥控器塑料件的设计。在任务设计过程中，要充分考虑布尔运算的应用、孔设计顺序等。

任务实施

打开 UG NX 10.0 软件，选择"文件"→"新建"→"模型"，单击"确定"按钮，进入 NX 绘图界面，然后选择"应用模块"→"建模"，进入建模设计模块。本任务绘制产品为遥控器塑料件，效果如图 3-1-2 所示。

图 3-1-2 遥控器塑料件

1. 长方体设计

选择"插入"→"设计特征"→"长方体"命令，选择 X-Y 平面作为块平面，绘制如图 3-1-3 所示的块。设置块高度 8，长度为 100，宽度为 40。

2. 创建拉伸体拔模

选择"插入"→"细节特征"→"拔模"命令，弹出如图 3-1-4 所示对话框，利用该对话框可以进行拔模操作。其中，设置方向为+Z 轴，固定面为底平面，拔模角度 1.5°。

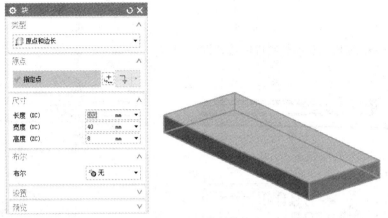

图 3-1-3　绘制块

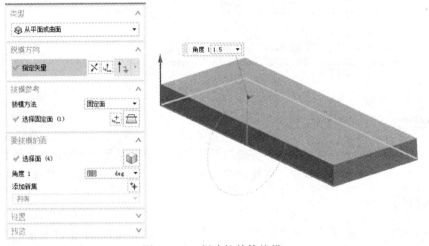

图 3-1-4　创建拉伸体拔模

3. 创建边倒圆

（1）R8 圆角。单击 [图标] 按钮或选择"插入"→"细节特征"→"边倒圆"命令，弹出"边倒圆"对话框，如图 3-1-5 所示。利用该对话框可以进行边倒圆操作，设置半径为 8。

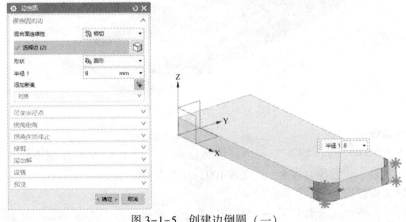

图 3-1-5　创建边倒圆（一）

（2）R4圆角。单击⬛按钮或选择"插入"→"细节特征"→"边倒圆"命令，弹出"边倒圆"对话框，如图3-1-6所示。利用该对话框可以进行边倒圆操作，设置半径4。

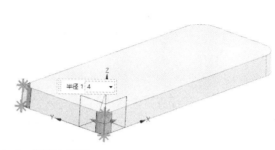

图 3-1-6　创建边倒圆（二）

（3）顶面变半半径圆角。单击⬛按钮或选择"插入"→"细节特征"→"边倒圆"命令，弹出"边倒圆"对话框，首先选择上顶面相切边，接着在"可变半径点"中单击"指定新的位置"，其中，图中下面两点半径为R3，上面两点半径为R6，如图3-1-7所示。利用该对话框可以进行可变边倒圆操作。

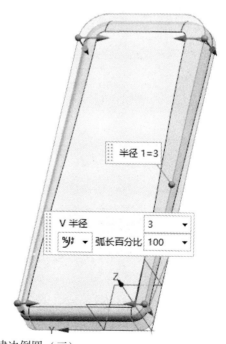

图 3-1-7　创建边倒圆（三）

4. 抽壳

选择"插入"→"偏转/缩放"→"抽壳"命令，在弹出的如图3-1-8所示对话框中，选择底面，利用该对话框可以生成壳，抽壳厚度设为2。

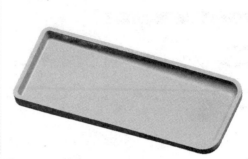

图 3-1-8　抽壳

5. 创建拉伸

单击工具栏中的 ![] 按钮或选择"插入"→"设计特征"→"拉伸"命令，弹出"拉伸"对话框，首先选择抽壳后的内壁底边相切的线串为拉伸曲线，设置拉伸方向为+Z 轴，开始距离 0，结束距离 1，"布尔"为"求差"，"偏置"为"单侧"，"结束"设为 1。如图 3-1-9 所示。利用该对话框对上述草图进行拉伸操作。

图 3-1-9　创建拉伸

6. 创建矩形腔体

选择"插入"→"设计特征"→"腔体"命令，弹出"腔体"对话框，如图 3-1-10 所示，利用该对话框可以生成矩形腔体。设置类型为矩形腔体，放置面为顶平面，水平方向为 Y

轴，腔体长度为26，宽度为18，深度为2，拐角半径为4，定位方法为垂直，选择好定位目标边与腔体虚心线尺寸，具体尺寸参考工程图。（此步若有困难可绘制草图线，拉伸求差）

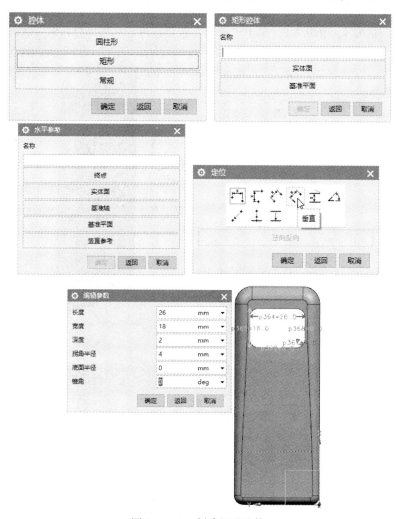

图 3-1-10　创建矩形腔体

7. 创建腔体键槽

与上步类似，选择"插入"→"设计特征"→"键槽"命令，键槽对话框，如图3-1-11所示。利用该对话框可以生成键槽，设置腔体长度为8，宽度为2。（具体创建键槽过程不作介绍，此步如有困难可绘制草图线，拉伸求差）

图 3-1-11　创建矩形腔体

8. 创建阵列

选择"插入"→"关联复制"→"阵列特征"命令，弹出"阵列特征"对话框，如图 3-1-12 所示。设置布局为线性，方向 1 为 Y 轴；启用方向 2，为-X 轴。设置方向 1 的数量为 3，节距为 11，方向 2 的数量为 4，节距为 8，单击"应用"按钮即可。利用该对话框可以创建阵列。

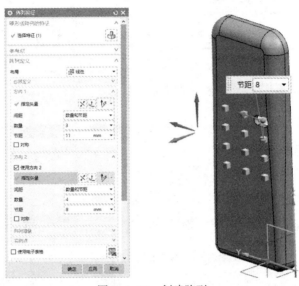

图 3-1-12　创建阵列

9. 创建简单孔

选择"插入"→"设计特征"→"孔"命令，弹出"孔"对话框，如图 3-1-13 所示。利

图 3-1-13　创建简单孔

用该对话框可以创建简单孔，设置直径为 4，贯通孔。（选择顶面为放置面，系统会进入草图，在草图中按工程图尺寸定位好点，完成后退出草图，回到"孔"对话框，完成孔设计）

10. 创建坐标系孔

选择"插入"→"基准/点"→"基准 CSYS"命令，弹出"基准 CSYS"对话框，如图 3-1-14 所示。利用该对话框可以生成新坐标系，然后同上一个步骤一样打孔，设置坐标为（15，20，8），结果如图 3-1-15 所示。

图 3-1-14　创建新坐标系

图 3-1-15　创建坐标系孔

11. 创建孔

与第 9 步方法一致，步骤不再重复。设置直径为 2，深度限制为"贯通体"，按工程图尺寸定位好点，如图 3-1-16 所示。

12. 创建阵列孔

单击工具栏中的 按钮或选择"插入"→"关联复制"→"阵列特征"命令，弹出"阵列特征"对话框，设置要阵列的特征为上一步创建的小孔，"布局"为圆形，使用新坐标系，"矢量"为+Z 轴，"指定点"为新坐标零点或大圆圆心，"数量"为 8，"节距角"为45°，如图 3-1-17 所示。利用该对话框可以创建阵列孔。

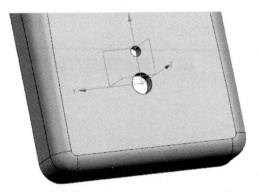

图 3-1-16　创建孔

图 3-1-17　创建阵列孔

13. 制作加强筋

（1）选择"特征"→"设计特征"→"圆柱"命令，弹出"圆柱"对话框，然后单击"指定点"出现"点"对话框，如图 3-1-18 所示。利用该对话框可以生成圆柱，设置方向为-Z轴，坐标点 X28、Y10、Z8，圆柱直径为 4，高度为 7。

（2）选择"插入"→"设计特征"→"孔"命令，弹出"孔"对话框，如图 3-1-19 所示。利用该对话框可以创建孔，指定点位置为圆柱上圆弧中心，简单孔直径为 2，深度为 4，顶锥角为 0。

（3）选择"插入"→"基准/点"→"基准 CSYS"命令，弹出"基准 CSYS"对话框，如图 3-1-20 所示。利用该对话框可以生成新坐标系，然后同上一个步骤一样打孔，设置坐标为（28，10，8）。

图 3-1-18　制作加强筋

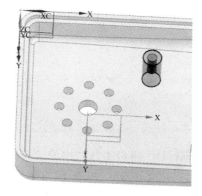

图 3-1-19　创建孔

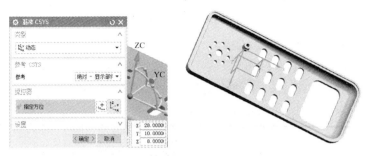

图 3-1-20　生成新的坐标系

（4）绘制草图。系统将弹出"创建草图"对话框，在上一步的坐标系里，建立 X-Z 平面草图，尺寸如图 3-1-21 所示。

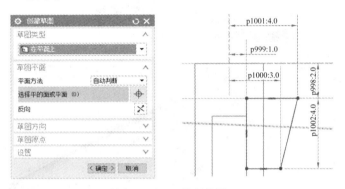

图 3-1-21　绘制草图

（5）创建拉伸。选择"插入"→"设计特征"→"拉伸"命令，弹出"拉伸"对话框。利用该对话框可以进行拉伸操作，对上一步草图进行拉伸，设置拉伸距离-0.5，结束距离 0.5，"布尔"为"求和"，如图 3-1-22 所示。

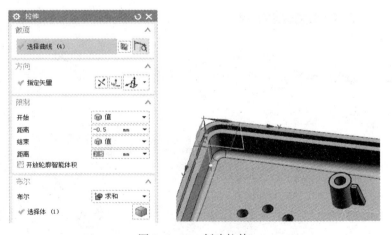

图 3-1-22　创建拉伸

（6）创建阵列特征。单击工具栏中的"阵列特征"按钮，弹出"阵列"特征对话框，如图 3-1-23 所示，设置布局为圆形，矢量为新坐标系 Z 轴，指定点为圆柱中心或孔中心，圆形阵列数量为 4，节距角为 90。利用该对话框可以进行阵列操作。

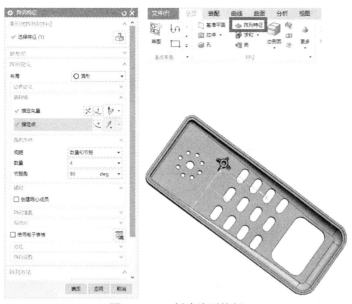

图 3-1-23　创建阵列特征

（7）镜像几何体。选择"插入"→"关联复制"→"镜像几何体"命令，弹出"镜像体"对话框，利用中间基准平面，对加强筋体进行镜像，如图 3-1-24 所示。

图 3-1-24　镜像几何体

14. 求和

单击工具栏中的求和按钮或选择"插入"→"组合"→"求和"命令，弹出"求和"对话框，设置"目标"为图中任意一实体，"工具"选择所有实体，结果如图 3-1-25 所示。

图 3-1-25　求和

15. 保存零件模型

选择"文件" → "保存" → "保存"命令，即可保存零件模型，结果参见图 3-1-2。

任务考核

任务考核分数以百分制计算，如表 3-1-1 所示。

表 3-1-1 任务考核评价表

设计思路合理（40 分）	设计步骤合理（30 分）	各个尺寸符合要求（30 分）	总　　分

任务拓展

根据上述任务设计的方法及思路，完成如图 3-1-26 所示的同类型结构设计。图中 A = 104，B = 31，C = 68，D = 57，E = 1.3。

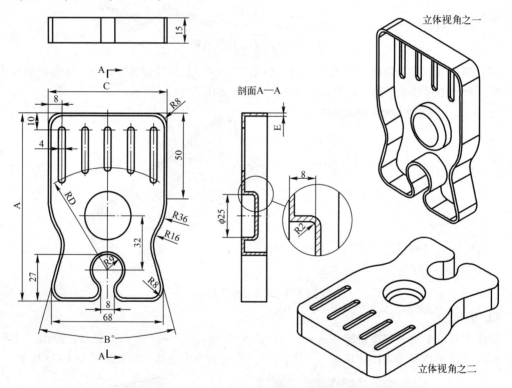

图 3-1-26　同类型结构设计图

<h1 align="center">任务二　一次性杯座塑料件设计</h1>

能力目标

● 具备杯座塑料产品设计的能力。

● 能正确分析设计思路，对同类型杯座塑料产品进行设计。

● 会初步判断建模顺序，会用扫掠等应用，并合理安排设计过程。

知识目标

● 了解常见塑料产品的设计，熟悉塑料产品结构知识。
● 掌握草图绘制方法，拔模、抽壳、管道、扫描的设计及布尔运算等知识。

素质目标

● 培养学生善于观察、思考的习惯。
● 培养学生动手操作能力。
● 培养学生团队协作、共同解决问题的能力。

任务导入

根据图 3-2-1，完成一次性杯座塑料件的造型设计。

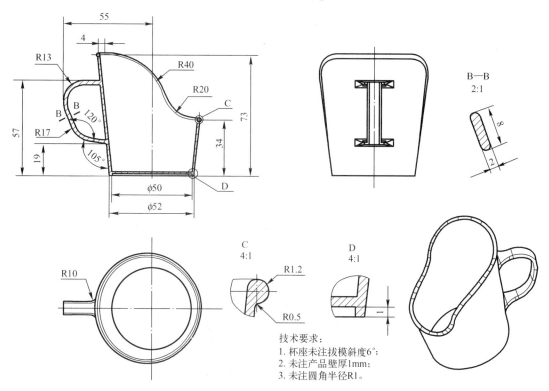

图 3-2-1 一次性杯座塑料件设计工程图

任务分析

一次性杯座塑料件是由杯座、抓手和唇部组成，通过对圆锥体进行抽壳等命令操作来完成整个一次性杯座塑料件的设计。在任务设计过程中，要充分考虑布尔运算的应用、唇部设计等。

任务实施

打开 UG NX 10.0 软件，选择"文件"→"新建"→"模型"，单击"确定"按钮，进入

NX 绘图界面，然后选择"应用模块"→"建模"，进入建模设计模块。本任务绘制产品为一次性杯座塑料件，效果如图 3-2-2 所示。

1. 创建圆柱体

单击"特征"工具栏中的 按钮或选择"插入"→"设计特征"→"圆柱体"命令，弹出"圆柱"对话框，如图 3-2-3 所示。利用该对话框可以进行圆柱体操作。

2. 创建拔模

单击 拔模按钮，弹出"拔模"对话框，如图 3-2-4 所示。利用该对话框可以进行拔模操作。（角度设为-6°，注意方向，如果不对可反向）

图 3-2-2 　一次性杯座塑料件

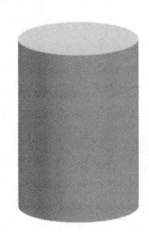

图 3-2-3 　创建圆柱体

图 3-2-4 　创建拔模

3. 创建抽壳

单击 抽壳按钮，弹出"抽壳"对话框，如图 3-2-5 所示。利用该对话框可以创建抽壳，厚度为 1。

图 3-2-5　创建抽壳

4. 创建简单孔

单击孔按钮  或选择"插入"→"设计特征"→"孔"命令，弹出"孔"对话框，"形状"选择"简单孔"，设置直径为 50，深度为 1，顶锥角为 0，"位置"选择底面 ϕ52 的圆弧（与其同心），其他默认，如图 3-2-6 所示。

图 3-2-6　创建简单孔

5. 绘制草图（一）

选择菜单栏中的"插入"→"在任务环境中绘制草图"（或选择菜单栏中的"主页"，在功能区选择"草图"）命令，选择 X-Z 平面作为草图平面，绘制如图 3-2-7 所示的草图曲线。（可画两侧参考线，两端点位置在线上，右边的不是中点）

6. 创建拉伸体

单击"拉伸"工具栏中的图标或选择"插入"→"设计特征"→"拉伸"命令，弹出"拉伸"对话框，如图 3-2-8 所示。利用该对话框可以进行拉伸操作，设置开始距离为 39，结束距离为-48。

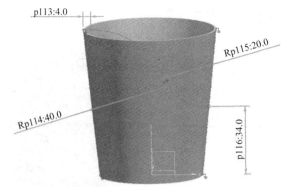

图 3-2-7　绘制草图（一）

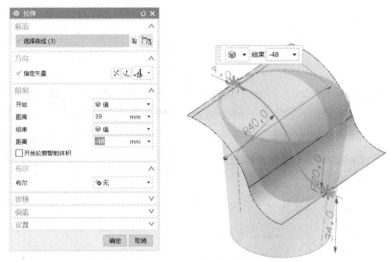

图 3-2-8　创建拉伸体

7. 创建替换面

单击替换面按钮 **替换面**或选择"插入"→"同步建模"→"替换面"命令，弹出"替换面"对话框，如图 3-2-9 所示。利用该对话框可以创建替换面。（"选择面"为杯座顶面平面，接着，单击对话框中的"替换面"，然后过滤成"相切面"，最后选择上一步创建的拉伸面即可）

图 3-2-9　创建替换面

8. 创建管道

单击管道  按钮或选择"插入"→"扫掠"→"管道"命令，弹出"管道"对话框，如图 3-2-10 所示。利用该对话框可以生成管道。设置外径为 2.4，内径为 0，"输出"为"多段"，选择顶面修剪后外围线串作为曲线）

图 3-2-10　创建管道

9. 求和（一）

单击工具栏中的求和按钮  或选择"插入"→"组合"→"求和"命令，弹出"求和"对话框，如图 3-2-11 所示。利用该对话框可以求和，目标选择体为杯座，工具选择体为管道。

图 3-2-11　求和

10. 创建边倒圆

单击 按钮或选择"插入"→"细节特征"→"边倒圆"命令，弹出"边倒圆"对话框，如图 3-2-12 所示。利用该对话框可以生成边倒圆。（对上一步求和的管道及杯体相接内边，倒 R0.5 圆角，如工程图中 C 局部放大视图中的 R0.5 圆角）

11. 绘制草图（二）

选择"菜单"→"插入"→"在任务环境中绘制草图"（或选择菜单栏中的"主页"，在功能区选择"草图"）命令，选择 X-Z 平面作为草图平面，绘制如图 3-2-13 所示的草图曲线。

12. 创建基准坐标系

选择"插入"→"基准/点"→"基准 CSYS"命令，创建新的基准坐标，新基准坐标系原点在图 3-2-14 所示草图曲线的末端。

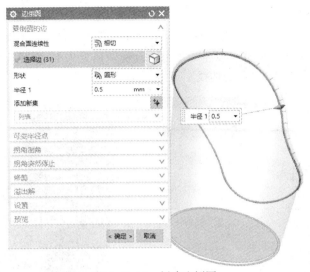

图 3-2-12　创建边倒圆

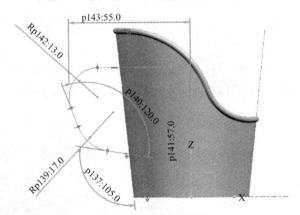

图 3-2-13　绘制草图

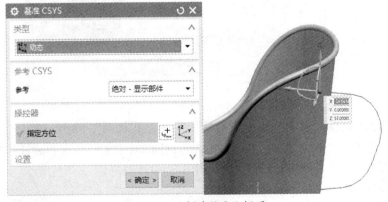

图 3-2-14　创建基准坐标系

13. 绘制草图（三）

　　选择菜单栏中的"插入" → "在任务环境中绘制草图"（或选择菜单栏中的"主页"，在功能区选择"草图"）命令，选择新基准坐标系 Y-Z 平面作为草图平面，绘制如图 3-2-15 所示的草图。

图 3-2-15　绘制草图

14. 创建扫掠

单击工具栏中的扫掠按钮 或选择"插入"→"扫掠"命令，弹出"扫掠"对话框。以图 3-2-15 创建的草图为截面，以图 3-2-13 创建的草图为引导线，结果如图 3-2-16 所示。

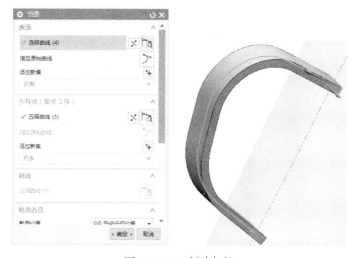

图 3-2-16　创建扫掠

15. 创建修剪体

单击工具栏中的修剪体按钮 或选择"插入"→"修剪"→"修剪体"命令，弹出"修剪体"对话框，如图 3-2-17 所示，目标选择体为图 3-2-16 所示的扫掠实体，工具选择杯座内表面，效果如图 3-2-17 所示。（切记：工具面过滤为"单个面"，并注意结果保留方向）

16. 求和（二）

单击工具栏中的求和按钮 或选择"插入"→"组合"→"求和"命令，弹出"求和"对话框，如图 3-2-18 所示。利用该对话框可以求和，目标选择体为杯座，工具选择体为杯座手柄。

17. 创建边倒圆

（1）单击 按钮或选择"插入"→"细节特征"→"边倒圆"命令，弹出"边倒圆"对话框，如图 3-2-19 所示。利用该对话框可以创建 4 个边倒圆，半径设为 10。（切记：边线为手柄与本座相接位，共 4 条）

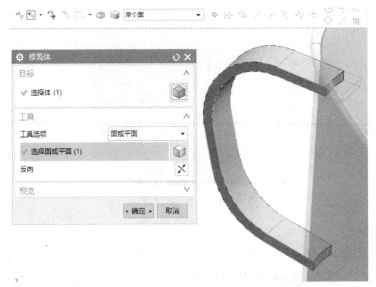

图 3-2-17　创建修剪体

图 3-2-18　求和

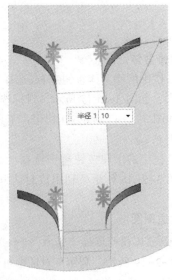

图 3-2-19　创建边倒圆（一）

（2）单击 ![按钮]按钮或选择"插入"→"细节特征"→"边倒圆"命令，弹出"边倒圆"对话框，如图3-2-20所示。利用该对话框可以创建边倒圆，半径设为1。

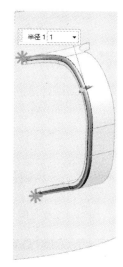

图 3-2-20　创建边倒圆（二）

（3）单击 ![按钮]按钮或选择"插入"→"细节特征"→"边倒圆"命令，弹出"边倒圆"对话框，如图3-2-21所示。利用该对话框可以创建边倒圆，半径设为1。

图 3-2-21　创建边倒圆（三）

（4）单击 ![按钮]按钮或选择"插入"→"细节特征"→"边倒圆"命令，弹出"边倒圆"对话框，如图3-2-22所示。利用该对话框可以创建边倒圆，半径设为1。

（5）单击 ![按钮]按钮或选择"插入"→"细节特征"→"边倒圆"命令，弹出"边倒圆"对话框，如图3-2-23所示。利用该对话框可以创建边倒圆，半径设为1。

（6）单击 ![按钮]按钮或选择"插入"→"细节特征"→"边倒圆"命令，弹出"边倒圆"对话框，如图3-2-24所示。利用该对话框可以创建边倒圆，半径设为1。

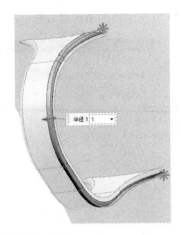

图 3-2-22　创建边倒圆（四）

图 3-2-23　创建边倒圆（五）

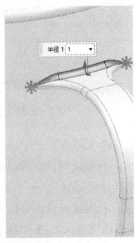

图 3-2-24　创建边倒圆（六）

（7）单击 按钮或选择"插入"→"细节特征"→"边倒圆"命令，弹出"边倒圆"对话框，如图 3-2-25 所示。利用该对话框可以创建边倒圆，半径设为 1。

 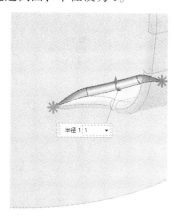

图 3-2-25　创建边倒圆（七）

（8）单击 按钮或选择"插入"→"细节特征"→"边倒圆"命令，弹出"边倒圆"对话框，如图 3-2-26 所示。利用该对话框可以创建边倒圆，半径设为 1。

 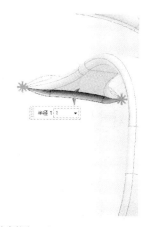

图 3-2-26　创建边倒圆（八）

（9）单击 按钮或选择"插入"→"细节特征"→"边倒圆"命令，弹出"边倒圆"对话框，如图 3-2-27 所示。利用该对话框可以创建边倒圆，半径设为 1。

18. 保存零件模型

选择"文件"→"保存"→"保存"命令，即可保存零件模型，结果参见图 3-2-2。

任务考核

任务考核分数以百分制计算，如表 3-2-1 所示。

表 3-2-1　任务考核评价表

设计思路合理（40分）	设计步骤合理（30分）	各个尺寸符合要求（30分）	总　　分

图 3-2-27 创建边倒圆（九）

任务拓展

根据上述任务设计的方法及思路，完成如图 3-2-28 所示的同类型结构设计。图中 A = 55，B = 36，C = 29，D = 26。

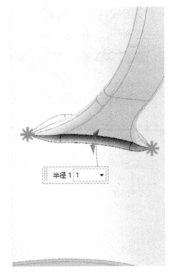

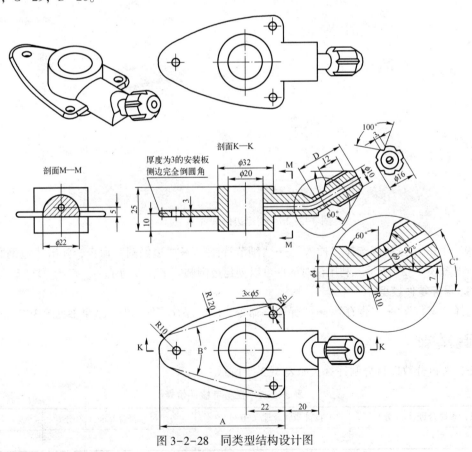

图 3-2-28 同类型结构设计图

任务三 连接器塑料件设计

能力目标

- 具备连接器塑料产品设计的能力。
- 能正确分析设计思路，对同类型连接器塑料产品进行设计。
- 会初步判断建模顺序，并合理安排设计过程。

知识目标

- 了解常见连接类塑料产品的设计，熟悉连接器塑料产品结构知识。
- 掌握草图绘制方法，拔模、抽壳、构图面的设计及布尔运算等知识。

素质目标

- 培养学生善于观察、思考的习惯。
- 培养学生动手操作能力。
- 培养学生团队协作、共同解决问题的能力。

任务导入

根据图 3-3-1 完成连接器塑料件的造型设计。

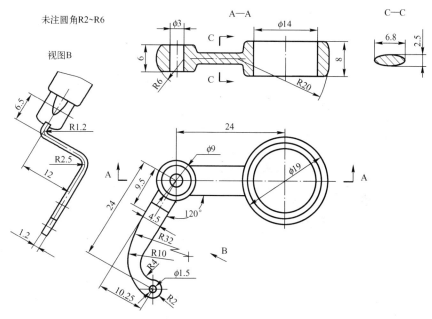

图 3-3-1 连接器塑料件设计工程图

任务分析

连接器塑料件是由两个圆柱体作为基准件，创建两个拉伸体进行求和操作从而完成整个连接器塑料件的设计。在任务设计过程中，要充分考虑布尔运算的应用、连接部分的设计等。

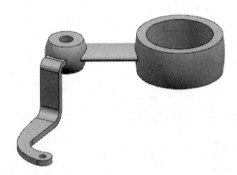

图 3-3-2 连接器零件

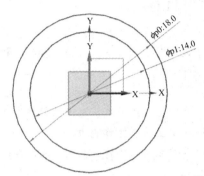

图 3-3-3 绘制俯视图草图曲线

任务实施

打开 UG NX 10.0 软件，选择"文件"→"新建"→"模型"，单击"确定"按钮，进入 NX 绘图界面，然后选择"应用模块"→"建模"，进入建模设计模块。本案例绘制产品为连接器零件，效果如图 3-3-2 所示。

1. 绘制俯视图草图

选择菜单栏中的"插入"→"在任务环境中绘制草图"（或选择菜单栏中的"主页"，在功能区选择"草图"）命令，选择 X-Y 平面作为草图平面，绘制如图 3-3-3 所示的草图曲线。

2. 创建拉伸体（一）

单击"特征"工具栏中的 按钮或选择"插入"→"设计特征"→"拉伸"命令，弹出"拉伸"对话框，如图 3-3-4 所示。利用该对话框可以进行"对称"拉伸操作，拉伸距离设为 4。

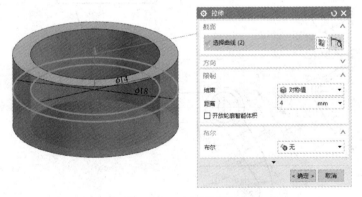

图 3-3-4 创建拉伸体

3. 绘制草图（一）

选择 X-Z 平面作为草图平面，绘制如图 3-3-5 所示的草图曲线。选择"插入"→"在任务环境中绘制草图"（或选择菜单栏"主页"，在功能区选择"草图"）命令，进入草图后，首先，选择"插入"→"草图曲线"→"交点"命令，分别对实体外圆右边求取两个交点（如果不求交点，可通过高度为 4 mm 的尺寸线来控制），然后绘制半径为 20 圆弧，且圆心在 X 轴上。

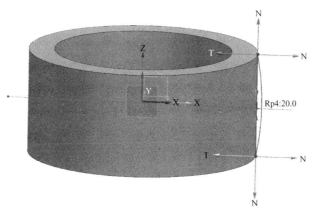

图 3-3-5　绘制草图

4. 创建旋转体（一）

单击"特征"工具栏中的 按钮或选择"插入"→"设计特征"→"旋转"命令，弹出"旋转"对话框，如图 3-3-6 所示。利用该对话框可以进行旋转操作，旋转角度设为 360°。

图 3-3-6　创建旋转体

5. 绘制草图（二）

选择菜单栏中的"插入"→"在任务环境中绘制草图"（或选择菜单栏中的"主页"，在功能区选择"草图"）命令，选择 Y-Z 平面作为草图平面，绘制如图 3-3-7 所示的草图曲线。（椭圆中心在原点，长轴为 3.4，短轴为 1.3，旋转角度可约束椭圆上边中间位置与 X 轴垂直）

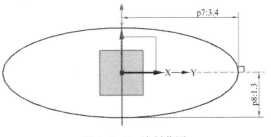

图 3-3-7　绘制草图

6. 创建拉伸体（二）

单击"特征"工具栏中的█按钮或选择"插入"→"设计特征"→"拉伸"命令，弹出"拉伸"对话框，如图 3-3-8 所示。利用该对话框可以进行拉伸操作，开始距离设为 7.5，结束距离设为 22，求和。

 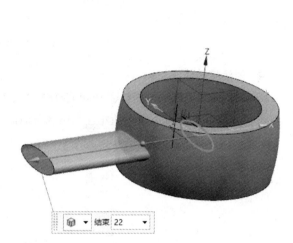

图 3-3-8　创建拉伸体

7. 绘制草图（三）

选择菜单栏中的"插入"→"在任务环境中绘制草图"（或选择菜单栏中的"主页"，在功能区选择"草图"）命令，选择 X-Y 平面作为草图平面，绘制如图 3-3-9 所示的草图曲线。

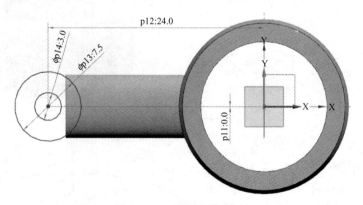

图 3-3-9　绘制草图（三）

8. 创建拉伸体（三）

单击"特征"工具栏中的█按钮或选择"插入"→"设计特征"→"拉伸"命令，弹出"拉伸"对话框，如图 3-3-10 所示。利用该对话框可以进行拉伸操作，结束选择对称值，拉伸距离设为 3，求和。

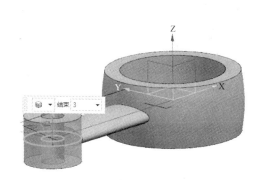

图 3-3-10 创建拉伸体

9. **绘制草图**（四）（方法与第 3 步相似）

选择 X-Z 平面作为草图平面，绘制如图 3-3-11 所示的草图曲线。选择菜单栏中的"插入"→"在任务环境中绘制草图"（或选择菜单栏中的"主页"，在功能区选择"草图"），进入草图后，首先，选择"插入"→"草图曲线"→"交点"命令，分别对实体外圆左边求取两个交点（如果不求交点，可通过高度为 3 mm 的尺寸线来控制），然后绘制半径为 6 的圆弧，且圆心在 X 轴上。

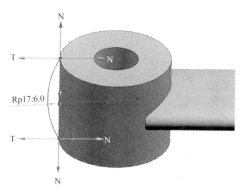

图 3-3-11 绘制草图

10. **创建旋转体**（二）

单击"特征"工具栏中的 按钮或选择"插入"→"设计特征"→"旋转"命令，弹出"旋转"对话框，如图 3-3-12 所示。利用该对话框可以进行旋转操作，旋转角度设为 360°（方向往上，指定点为图中圆的圆心）

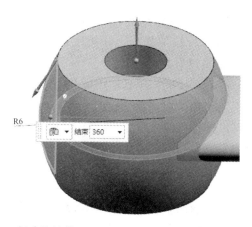

图 3-3-12 创建旋转体

11. 绘制草图（五）

选择菜单栏中的"插入"→"在任务环境中绘制草图"（或选择菜单栏中心"主页"，在功能区选择"草图"）命令，选择 X-Y 平面作为草图平面，草图尺寸如图 3-3-13 所示。

12. 创建基准坐标系

单击工具栏中的"基准平面"下拉按钮，选择"基准 CSYS"或选择"插入"→"设计特征"→"基准 CSYS"命令，弹出"基准 CSYS"对话框，如图 3-3-14 所示。利用该对话框可以创建基准操作，X 轴设为-24。

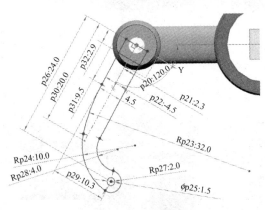

图 3-3-13　绘制草图

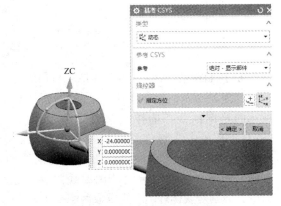

图 3-3-14　创建基准坐标系

13. 绘制草图（六）

选择菜单栏中的"插入"→"在任务环境中绘制草图"（或选择菜单栏中的"主页"，在功能区选择"草图"）命令，选择新建坐标系 X-Z 平面作为草图平面，草图尺寸如图 3-3-15 所示。（具体尺寸可参考工程图）

14. 创建拉伸体（四）

（1）单击"特征"工具栏中的 按钮或选择"插入"→"设计特征"→"拉伸"命令，弹出"拉伸"对话框，对图 3-3-15 所示的草图进行拉伸，如图 3-3-16 所示。利用该对话框可以进行拉伸操作，开始距离设为-11，结束距离设为 15。

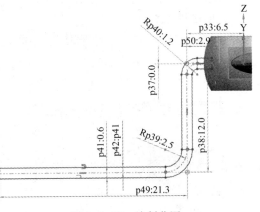

图 3-3-15　绘制草图

（2）单击"特征"工具栏中的 按钮或选择"插入"→"设计特征"→"拉伸"命令，弹出"拉伸"对话框，对图 3-3-13 所示草图进行拉伸，如图 3-3-17 所示。利用该对话框可以进行拉伸操作，开始距离设为-17.5，结束距离设为 15。（注意，φ1.5 圆不在此步拉伸）

15. 求交

单击"特征"工具栏中的"求和"下拉菜单，选择"求交"或选择"插入"→"组合"→"求交"命令，将图 3-3-16，图 3-3-17 相交，目标选择体为图 3-3-16，工具选择体为图 3-3-17，求交结果如图 3-3-18 所示。

图 3-3-16 创建拉伸体（一）

图 3-3-17 创建拉伸体（二）

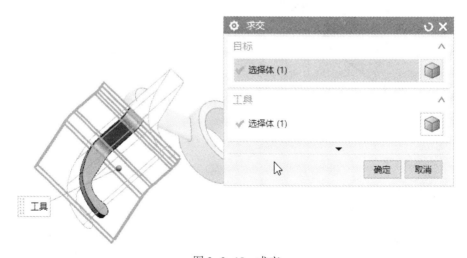

图 3-3-18 求交

16. 创建拉伸体（五）

单击"特征"工具栏中的▓按钮或选择"插入"→"设计特征"→"拉伸"命令，弹出"拉伸"对话框，选择相连曲线，对图 3-3-13 所示草图部分位置进行拉伸，如图 3-3-19 所示。利用该对话框可以进行拉伸操作，开始距离设为-17.5，结束距离设为 15。（注意过滤曲线）

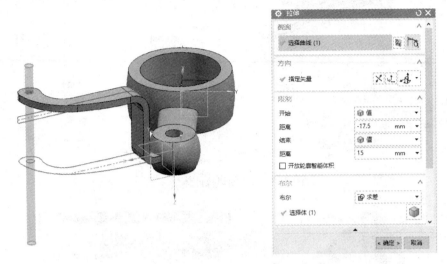

图 3-3-19　创建拉伸体

17. 求和

单击工具栏中的求和按钮📎或选择"插入"→"组合"→"合并"命令，对上面几步进行求和，如图 3-3-20 所示。

图 3-3-20　求和

18. 保存零件模型

选择"文件"→"保存"→"保存"命令，即可保存零件模型，结果参见图 3-3-2。

📖 **任务考核**

任务考核分数以百分制计算，如表 3-3-1 所示。

表 3-3-1 任务考核评价表

设计思路合理（40 分）	设计步骤合理（30 分）	各个尺寸符合要求（30 分）	总　　分

任务拓展

根据上述任务设计的方法及思路，完成图 3-3-21 所示的同类型结构设计。图中 A = 78，B = 30，C = 30，D = 100。

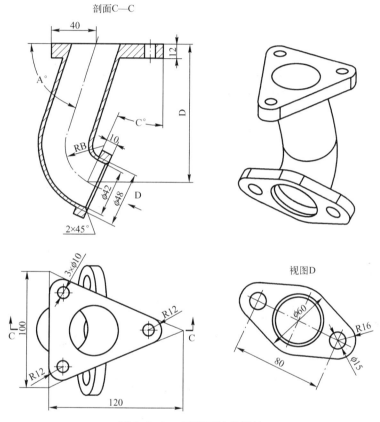

图 3-3-21 同类型结构设计

任务四　底壳塑料件设计

能力目标

● 具备壳体类塑料产品设计的能力。
● 能正确分析设计思路，对同类型塑料产品进行设计。
● 会初步判断建模顺序，并合理安排设计过程。

知识目标

● 了解常见塑料产品的设计，熟悉塑料产品结构知识。

- 掌握草图绘制方法，拔模角、孔的设计及布尔运算等知识。
- 掌握加强筋设计要点。

素质目标

- 培养学生善于观察、思考的习惯。
- 培养学生动手操作能力。
- 培养学生团队协作、共同解决问题的能力。

任务导入

根据图 3-4-1 完成底壳塑料件的造型设计。

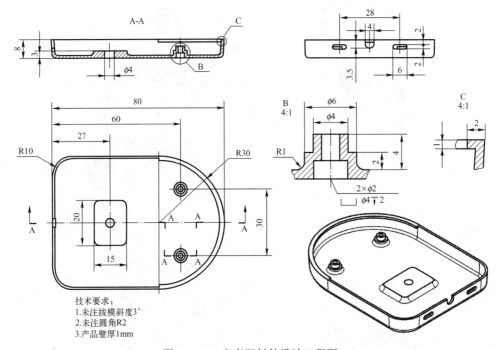

技术要求：
1.未注拔模斜度3°
2.未注圆角R2
3.产品壁厚1mm

图 3-4-1　底壳塑料件设计工程图

任务分析

底壳塑料件是由长方体作为基体，通过对长方体进行抽壳、添加凸台、打孔等命令操作来完成整个底壳塑料件的设计。在任务设计过程中，要充分考虑布尔运算的应用、孔设计顺序等。

任务实施

打开 UG NX10.0 软件，选择"文件"→"新建"→"模型"，单击"确定"按钮，进入 NX 绘图界面，然后选择"应用模块"→"建模"，进入建模设计模块。本任务绘制产品为底壳塑料零件，效果如图 3-4-2 所示。

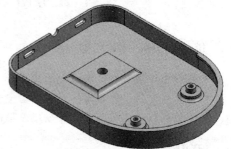

图 3-4-2　底壳塑料零件

1. 创建长方体（一）

单击"特征"工具栏中的🝆或选择"插入"➡"设计特征"➡"长方体"命令，弹出"块"对话框，如图 3-4-3 所示。利用该对话框可以生成块，设置长度为 80，宽度为 60，高度为 8。

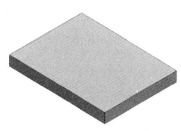

图 3-4-3　创建长方体

2. 创建边倒圆（一）

（1）单击🝆按钮或选择"插入"➡"细节特征"➡"边倒圆"命令，弹出"边倒圆"对话框，如图 3-4-4 所示。利用该对话框可以进行边倒圆操作，设置倒圆角半径为 30。

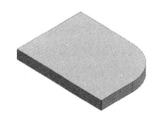

图 3-4-4　创建边倒圆（一）

（2）单击🝆按钮或选择"插入"➡"细节特征"➡"边倒圆"命令，弹出"边倒圆"对话框，如图 3-4-5 所示。利用该对话框可以进行边倒圆操作。倒圆角半径为 30。

图 3-4-5　创建边倒圆（二）

（3）单击🝆按钮或选择"插入"➡"细节特征"➡"边倒圆"命令，弹出"边倒圆"对话框，如图 3-4-6 所示。利用该对话框可以进行边倒圆操作，设置倒圆角半径为 10。

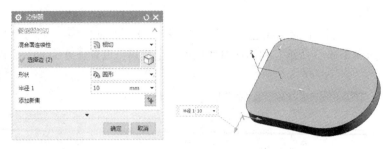

图 3-4-6　创建边倒圆（三）

3. 抽壳

单击工具栏中的抽壳按钮 壳或选择"插入"→"偏转/缩放"→"抽壳"命令，弹出"抽壳"对话框，设置抽壳厚度为 1，结果如图 3-4-7 所示。

图 3-4-7　抽壳

4. 创建拉伸体 R30 抽壳后内弧体

单击"特征"工具栏中的 按钮或选择"插入"→"设计特征"→"拉伸"命令，弹出"拉伸"对话框，设置拉伸方向-Z，开始距离为 0，结束距离为 1；设置"偏置"为两侧，开始为 0，结束值为-1，"布尔"为"求和"，如图 3-4-8 所示。利用该对话框可以进行拉伸操作。（注意方向，如果不对，可反向）

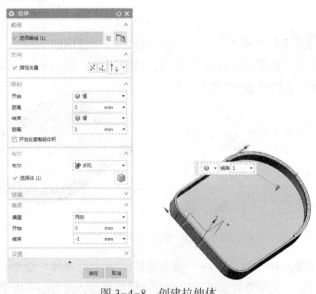

图 3-4-8　创建拉伸体

5. 创建简单孔（一）

单击孔按钮 或选择"插入"→"设计特征"→"孔"命令，弹出"孔"对话框，先将孔方向设为"沿矢量"，选择 X 轴方向，然后"位置"指定点选择如图所示边的中点，创建一个直径为 4，深度为 12，顶锥角为 118 的简单孔，其他默认，如图 3-4-9 所示。

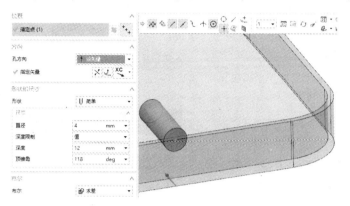

图 3-4-9　创建简单孔

6. 创建键槽

选择"插入"→"设计特征"→"键槽"命令，弹出"键槽"对话框，如图 3-4-10 所示。选取矩形槽，选取零件侧面为槽位置面，选取 Y 轴为水平参考，设置长度为 6，宽度为 2，深度为 10。用垂直方法定位，设置槽中心到 Z 轴的距离为 14，到底面的距离为 5。（如果对槽操作不熟悉，此步可绘制草图，拉伸求差，具体尺寸参考工程图）

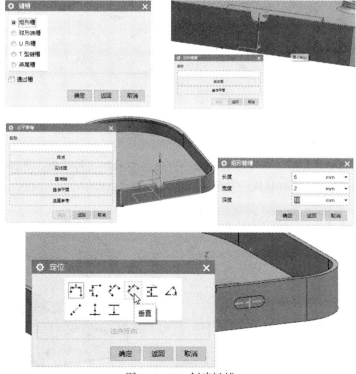

图 3-4-10　创建键槽

7. 创建镜像键槽

单击镜像特征按钮或选择"插入"→"关联复制"→"镜像特征"命令，弹出"镜像特征"对话框，选择镜像的特征为键槽，镜像平面选取 X-Y 基准面，结果如图 3-4-11 所示。

图 3-4-11　创建镜像键槽

8. 创建长方体（二）

单击"特征"工具栏中的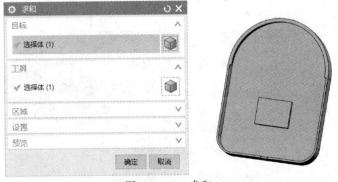按钮或选择"插入"→"设计特征"→"长方体"命令，弹出"块"对话框，如图 3-4-12 所示。利用该对话框可以生成块设置长为 15，宽为 20，高为 3；定位 X19.5，Y-10，Z0。

图 3-4-12　"块"对话框

9. 求和

选择"插入"→"组和"→"求和"命令，弹出"求和"对话框，选择所要求和的实体，结果如图 3-4-13 所示。（所有联成一整体）

图 3-4-13　求和

10. 创建边倒圆（二）

单击 按钮或选择"插入"→"细节特征"→"边倒圆"命令，弹出"边倒圆"对话框，如图 3-4-14 所示。利用该对话框可以进行边倒圆操作，设置边倒圆的半径为 2。

图 3-4-14　创建边倒圆

11. 创建简单孔（二）

单击孔按钮 或选择"插入"→"设计特征"→"孔"命令，弹出"孔"对话框，"形状"中选择"简单"，接着选择要打孔的表面，进入草图界面，控制好点，如先定好 X = 0，Y = 27 点，完成后退出草图界面，回到孔对话框，将孔直径改为 4，"深度限制"设为"贯通体"，如图 3-4-15 所示。

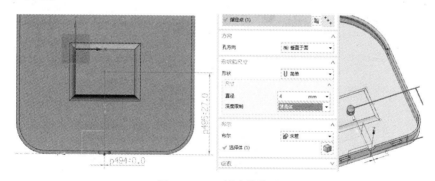

图 3-4-15　创建简单孔

12. 创建圆柱

单击"特征"工具栏中的 或选择"插入"→"设计特征"→"圆柱体"命令，弹出"圆柱"对话框，如图 3-4-16 所示。利用该对话框可以创建圆柱，设置"布尔"为"求和"。

13. 创建凸台

单击"特征"工具栏中的 按钮或选择"插入"→"设计特征"→"凸台"命令，弹出"凸台"对话框，设置直径为 4，输入尺寸之后选择圆柱表面，选择"点落在点上"，再选择圆柱圆弧，弹出新对话框，选择"圆弧中心"，单击"确定"按钮即可，如图 3-4-17 所示。

图 3-4-16　创建圆柱

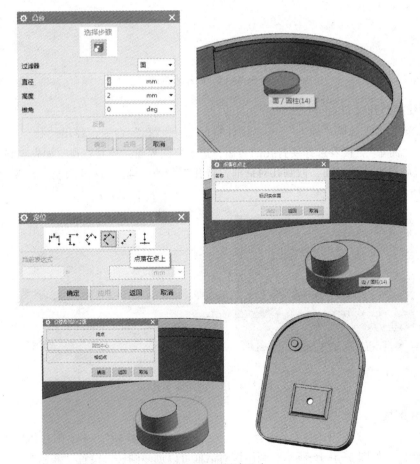

图 3-4-17　创建凸台

14. 创建边倒圆（三）

单击🔲按钮或选择"插入"━➤"细节特征"━➤"边倒圆"命令，弹出"边倒圆"对话框，如图 3-4-18 所示。利用该对话框可以进行边倒圆操作，设置边倒圆半径为 1。

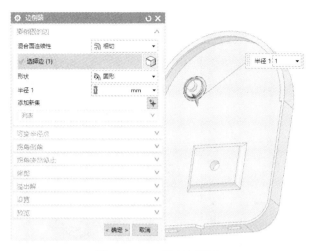

图 3-4-18　创建边倒圆

15. 建立新基准坐标系

单击工具栏中的"基准平面"按钮或选择"插入"→"基准/点"→"基准 CSYS"命令，弹出"基准 CSYS"对话框，坐标为 X60，Y15，Z0，结果如图 3-4-19 所示。

图 3-4-19　基准 CSYS

16. 创建沉头孔

单击◎按钮或选择"插入"→"设计特征"→"孔"命令，弹出"孔"对话框，如图 3-4-20所示，设置沉头直径为 4，沉头深度为 2 的沉头孔，"孔直径限制"设为 2，"深度限制"设为"贯通体"，利用该对话框可以生成孔。直接选取新坐标系原点作为孔放置点。（切记"指定点"为新坐标系原点，可旋转成图中所示方位去选点）

17. 创建镜像特征

选择"插入"→"关联复制"→"镜像特征"命令，弹出"镜像特征"对话框，选择"特征"为圆柱、凸台、边倒圆和沉头孔共 4 样，"平面"为 X-Z 平面，选择原坐标系 X-Z 基准面作为镜像面，结果如图 3-4-21 所示。

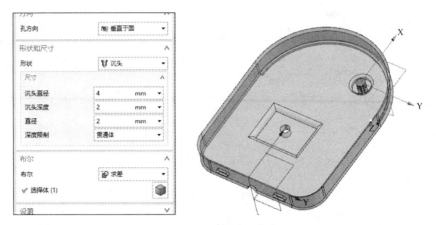

图 3-4-20　创建沉头孔

图 3-4-21　创建镜像特征

18. 保存零件模型

选择"文件"→"保存"→"保存"命令，即可保存零件模型，结果如图 3-4-2 所示。

任务考核

任务考核分数以百分制计算，如表 3-4-1 所示。

表 3-4-1　任务考核评价表

设计思路合理（40 分）	设计步骤合理（30 分）	各个尺寸符合要求（30 分）	总　　分

任务拓展

根据上述任务设计的方法及思路，完成如图 3-4-22 所示的同类型结构设计。图中 A = 128，B = 104，C = 63，D = 31。

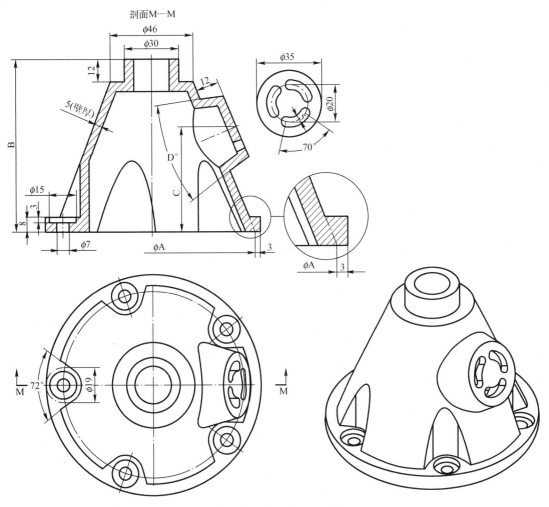

图 3-4-22 同类型结构设计

任务五 板钩塑料件设计

能力目标

- 具备板钩类塑料产品设计的能力。
- 能正确分析设计思路，对同类型塑料产品进行设计。
- 会逐步判断建模顺序，并合理安排设计过程。

知识目标

- 了解常见塑料产品的设计，熟悉塑料产品结构知识。
- 掌握图的绘制方法，拔模角、孔的设计及布尔运算等知识。
- 掌握构图面的使用要点。

素质目标

● 学生善于观察、思考的习惯。

● 学生动手操作能力。

● 学生团队协作、共同解决问题的能力。

任务导入

根据图 3-5-1 完成板钩塑料件的造型设计。图中 A = 192，B = 80，C = 120，D = 10，E = 100，F = 232，G = 132。

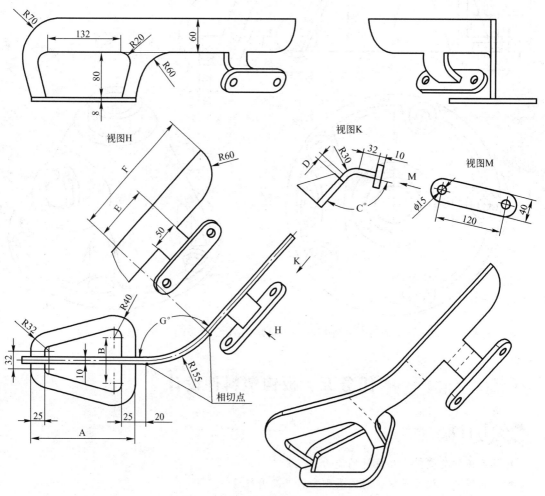

图 3-5-1　板钩塑料件设计工程图

任务分析

板钩塑料件是由 4 个薄板零件组合而成，通过对不同视图的 4 个薄板零件进行设计操作来完成整个板钩塑料件的设计。本任务设计过程中，要充分考虑构图面的应用、孔设计顺序等。

任务实施

打开 UG NX10.0 软件，选择"文件"→"新建"→"模型"，单击"确定"按钮，进入 NX 绘图界面，然后选择"应用模块"→"建模"，进入建模设计模块。本任务绘制产品为板钩塑料零件，效果如图 3-5-2 所示。

1. 绘制俯视图草图

单击 按钮或选择"插入"→"草图"命令，选择 X-Y 平面作为草图平面绘制草图，草图尺寸如图 3-5-3 所示。

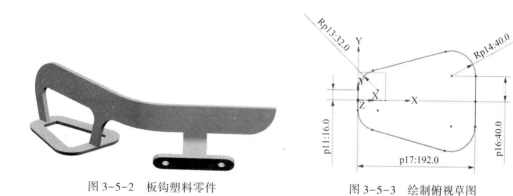

图 3-5-2　板钩塑料零件　　　　图 3-5-3　绘制俯视草图

2. 创建拉伸体（一）

单击 按钮或选择"插入"→"设计特征"→"拉伸"命令，弹出"拉伸"对话框，如图 3-5-4 所示。利用该对话框可进行拉伸、拔模、偏置操作。设置拉伸方向为 Z 轴，拉伸开始与结束距离为 0、8，拔模角度为-20，偏置两侧开始与结束距离为-25,0。（注意方向，效果如图所示）

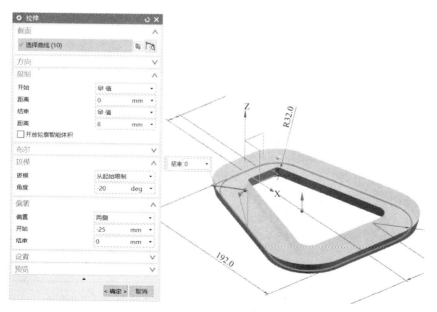

图 3-5-4　创建拉伸体（一）

3. 绘制正视图草图

单击█按钮或选择"插入"→"草图"命令，选择 X-Z 平面作为草图平面绘制草图，草图尺寸如图 3-5-5 所示。（P35 尺寸两端与第 1 步草图相接）

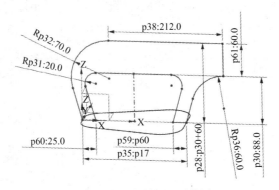

图 3-5-5　绘制正视图草图

4. 创建拉伸体（二）

单击█按钮或选择"插入"→"设计特征"→"拉伸"命令，弹出"拉伸"对话框，如图 3-5-6 所示。利用该对话框可以进行拉伸操作，设置拉伸方向为-Y 轴，开始与结束距离为-5、5，"布尔"为求和。

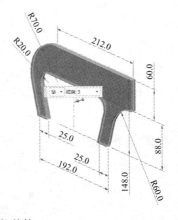

图 3-5-6　创建拉伸体（二）

5. 创建基准平面（一）

单击基准平面按钮█或选择"插入"→"基准/点"→"基准平面"命令，弹出"基准平面"对话框如图 3-5-7 所示。选择 X-Y 平面作为基准平面，利用该对话框可以进行基准平面操作，基准平面偏置距离设为"88+60"，如图 3-5-8 所示。

6. 绘制草图（一）

（1）单击█图标或选择"插入"→"草图"命令，弹出"创建草图"平面，选择上一

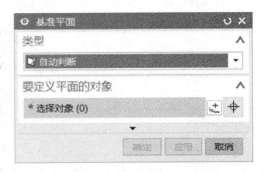

图 3-5-7　"基准平面"对话框

步新基准平面作为草图平面，绘制如图 3-5-9 所示的草图曲线。（切记：R155 圆弧左端点锁在实体下面）

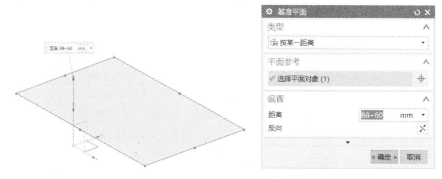

图 3-5-8　创建基准平面

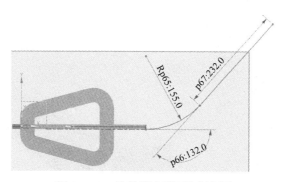

图 3-5-9　选择基准平面绘制草图

（2）单击 按钮或选择 "插入" → "草图" 命令，在草图类型中选择 "基于路径"，首先过滤器过滤为 "单条曲线" 如图 3-5-10 所示。然后，单击 R155 圆弧靠实体末端，并在对话框的 "弧长百分比" 中输入 0，绘制如图 3-5-10 所示的草图曲线，草图尺寸如图 3-5-11 所示。（图 3-5-11 中 p73＝p61＝10）

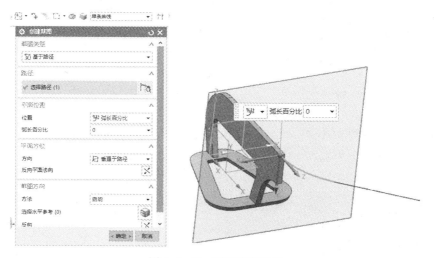

图 3-5-10　基于路径草图

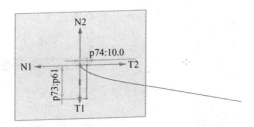

图 3-5-11　设置草图尺寸

7. 创建扫掠

选择"插入"→"扫掠"→"扫掠"命令，弹出"扫掠"对话框，如图 3-5-12 所示，截面选图 3-5-11，引导线见图 3-5-9。利用该对话框可以进行扫掠操作。

图 3-5-12　创建扫掠

8. 创建基准平面（二）

单击基准平面 按钮或选择"插入"→"基准/点"→"基准平面"命令，弹出"基准平面"对话框，"平面参考"设为如图 3-5-13 所示左边末端面，利用该对话框可以进行基准平面操作。基准平面偏置距离设为-150。

图 3-5-13　创建基准平面

9. 绘制草图（二）

单击 按钮或选择"插入"→"草图"命令，选择图 3-5-13 所示基准平面作为草图平面，绘制如图 3-5-14 所示的草图曲线。

10. 创建拉伸体（三）

（1）单击 按钮或选择"插入"→"设计特征"→"拉伸"命令，弹出"拉伸"对话框，如图 3-5-15 所示，利用该对话框可以进行拉伸操作。拉伸方向默认，开始与结束距离设为 0、50；"布尔"设为求和。

（2）单击 按钮或选择"插入"→"设计特征"→"拉伸"命令，弹出"拉伸"对话框，拉伸曲线如图 3-5-16 所示，即上一步实体的一条边（注意方向，参考工程图）。利用该对话框可以进行拉伸操作，拉伸方向默认，拉伸开始与结束距离设为 -25、15；设置偏置两侧开始与结束距离为 0、-10。

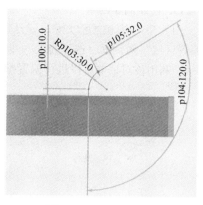

图 3-5-14　绘制草图

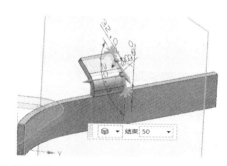

图 3-5-15　创建拉伸体（一）

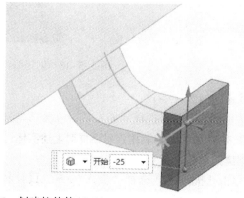

图 3-5-16　创建拉伸体（二）

11. 创建偏置区域

（1）单击 偏置区域按钮或选择"插入"→"同步建模"→"偏置区域"命令，弹出"偏置区域"对话框，选择为上一步实体其中的一面（注意方向，参考工程图），如图 3-5-17 所示。利用该对话框可以进行偏置操作，偏置距离设为 55。

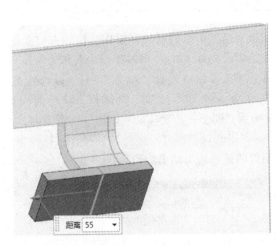

图 3-5-17　创建偏置区域（一）

（2）同理：偏置另外一侧，如图 3-5-18 所示，只是选择面不同，偏置距离设为 55。

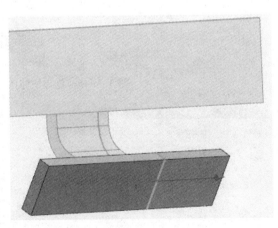

图 3-5-18　创建偏置区域（二）

12. 创建边倒圆（一）

单击边倒圆 按钮或选择"插入"→"细节特征"→"边倒圆"命令，弹出"边倒圆"对话框，如图 3-5-19 所示。利用该对话框对上述实体可以进行边倒圆操作，设置边倒圆半径 20。

13. 创建简单孔

（1）单击孔按钮 或选择"插入"→"设计特征"→"孔"命令，弹出"孔"对话框，如图 3-5-20 所示。利用该对话框可以生成孔，孔的直径设为 15，深度限制设为"贯通体"。

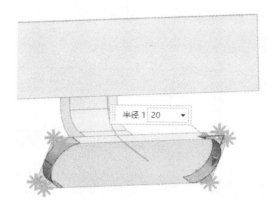

图 3-5-19　创建边倒圆

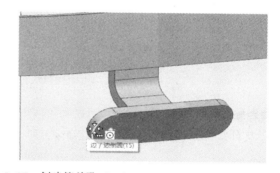

图 3-5-20　创建简单孔（一）

（2）同理：如图 3-5-21 所示创建其他简单孔，只是选择面不同，打孔直径与深度分别设为 15、15。

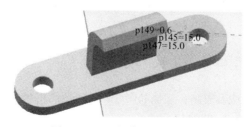

图 3-5-21　创建简单孔（二）

14. 创建边倒圆（二）

单击边倒圆按钮或选择"插入"→"细节特征"→"边倒圆"命令，弹出"边倒圆"对话框，如图 3-5-22 所示。利用该对话框可以进行边倒圆操作，边倒圆半径设为 60。

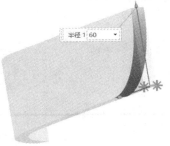

图 3-5-22　创建边倒圆

15. 求和

单击求和按钮 或选择"插入"→"组合"→"求和"命令，弹出"求和"对话框，如图 3-5-23 所示。利用该对话框可以进行求和操作。

图 3-5-23　求和

16. 保存零件模型

选择"文件"→"保存"→"保存"命令，即可保存零件模型，结果参见图 3-5-2。

任务考核

任务考核分数以百分制计算，如表 3-5-1 所示。

表 3-5-1　任务考核评价表

设计思路合理（40分）	设计步骤合理（30分）	各个尺寸符合要求（30分）	总　　分

任务拓展

根据上述任务设计的方法及思路，完成如图 3-5-24 所示的同类型结构设计。图中 A = 55，B = 87，C = 37，D = 43，E = 5.9，F = 119。

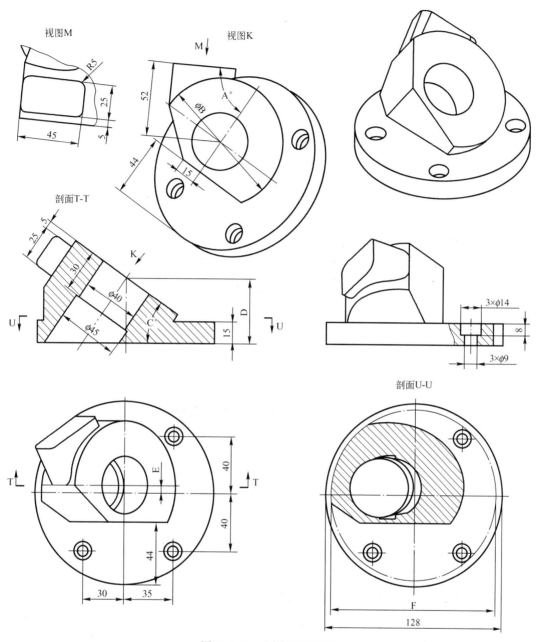

图 3-5-24 同类型结构图

项目四 曲面结构设计

本项目主要讲解常见的产品曲面设计的设计方法，因产品外形品种繁多，结构不同，应用范围也不同，不可能所有种类都能一一陈述设计。因此，本项目挑选了 3 个任务进行讲解，希望大家能举一反三，能够对同类型结构零件进行拓展。具体安排如下：

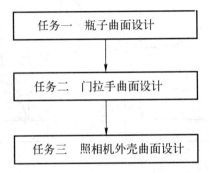

任务一　瓶子曲面设计

能力目标

- 具备塑料瓶子产品设计的能力。
- 能正确分析设计思路，对不同类型的塑料瓶子产品进行设计。
- 会逐步判断建模顺序，并合理安排设计过程。

知识目标

- 了解常见塑料瓶子产品的设计方法，熟悉塑料瓶子产品结构知识。
- 掌握草图绘制方法、曲面造型等知识。
- 掌握曲线组曲面的设计要点。

素质目标

- 培养学生善于观察、思考的习惯。
- 培养学生动手操作的能力。
- 培养学生团队协作、共同解决问题的能力。

任务导入

根据图 4-1-1 完成塑料瓶子的造型设计。

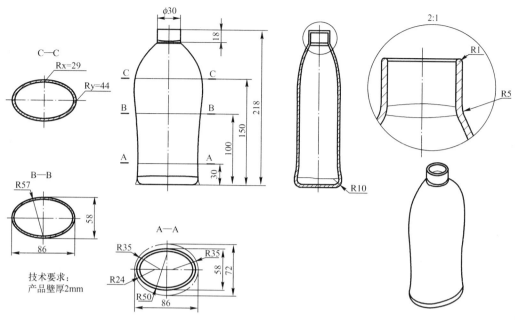

图 4-1-1 瓶子曲面设计工程图

任务分析

塑料瓶子是通过曲线和截面线对塑料瓶子搭建一个框架,再通过网格曲面对塑料瓶子进行实体的造型操作来完成整个塑料瓶子的设计。在任务设计过程中,要充分考虑草图曲线的应用、网格曲面设计等。

任务实施

打开 UG NX10.0 软件,选择"文件"→"新建"→"模型",单击"确定"按钮,进入 NX 绘图界面,然后选择"应用模块"→"建模",进入建模设计模块。本任务绘制产品为瓶子零件,效果如图 4-1-2 所示。

1. 绘制俯视图草图

选择菜单栏中的"插入"→"在任务环境中绘制草图"(或选择菜单栏中的"主页",在功能区选择"草图"),选择 X-Y 平面作为草图平面,草图尺寸如图 4-1-3 所示。(草图容易变形,对称可画 1/4 作镜像)

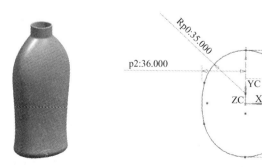

图 4-1-2 瓶子零件　　　图 4-1-3 绘制俯视图草图

2. 创建基准平面（一）

单击基准平面按钮 □ 或选择"插入"→"基准/点"→"基准平面"命令，弹出"基准平面"对话框，在原点的基础上创建基准平面往上拉 30 mm，如图 4-1-4 所示。

3. 绘制草图（一）

选择菜单栏中的"插入"→"在任务环境中绘制草图"（或选择菜单栏中的"主页"，在功能区选择"草图"）命令，选择上述新基准平面作为草图平面，绘制如图 4-1-5 所示的草图曲线。（草图容易变形，对称可画 1/4 作镜像）

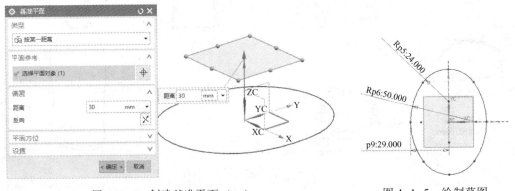

图 4-1-4　创建基准平面（一）　　　　图 4-1-5　绘制草图

4. 创建基准平面（二）

单击基准平面按钮 □ 或选择"插入"→"基准/点"→"基准平面"命令，弹出"基准平面"对话框，在原点的基础上创建基准平面往上拉 100 mm，如图 4-1-6 所示。

5. 绘制草图（二）

选择菜单栏中的"插入"→"在任务环境中绘制草图"（或选择菜单栏中的"主页"，在功能区选择"草图"）命令，选择上述新基准平面作为草图平面，绘制如图 4-1-7 所示的草图曲线。（草图容易变形，对称可画 1/4 作镜像）

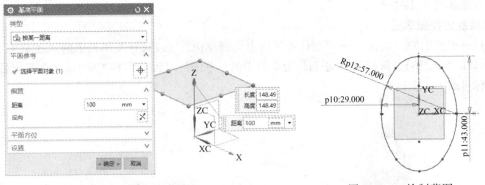

图 4-1-6　创建基准平面　　　　图 4-1-7　绘制草图

6. 创建基准平面（三）

单击基准平面按钮 □ 或选择"插入"→"基准/点"→"基准平面"命令，弹出"基准平面"对话框，在原点的基础上创建基准平面往上拉 150 mm 和 200 mm，如图 4-1-8 图 4-1-9 所示。

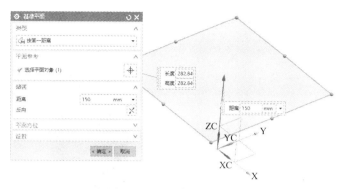

图 4-1-8 创建基准平面

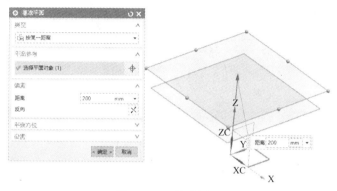

图 4-1-9 基准平面

7. 绘制草图（三）

（1）草图（一）。选择菜单栏中的"插入"→"在任务环境中绘制草图"（或选择菜单栏中的"主页"，在功能区选择"草图"）命令，选择图 4-1-9 中偏置 200 的新基准平面作为草图平面，绘制如图 4-1-10 所示的 φ30 圆形草图曲线。

（2）草图（二）。选择菜单栏中的"插入"→"在任务环境中绘制草图"（或选择菜单栏"主页"，在功能区选择"草图"）命令，选择图 4-1-8 中偏置 150 的新基准平面作为草图平面，绘制如图 4-1-11 所示的椭圆形草图曲线。

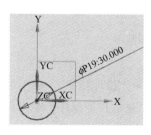

图 4-1-10 绘制草图（一）

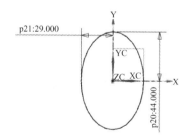

图 4-1-11 绘制草图（二）

8. 通过曲线组

单击"曲面"，单击 按钮或选择"插入"→"网格曲面"→"通过曲线组"命令，弹出"通过曲线组"对话框，如图 4-1-12 所示，"对齐方式"选"弧长"。利用该对话框可以进行曲线组操作。（切记：每次只选择一个草图，然后单击"添加新集"按钮，按顺序从下往上依次选取草图，并依次单击"添加新集"按钮，保证每一个草图起点及箭头方向一致）

图 4-1-12　通过曲线组

9. 创建边倒圆

单击 按钮或选择"插入"→"细节特征"→"边倒圆"命令，弹出"边倒圆"对话框，如图 4-1-13 所示。利用该对话框可以进行边倒圆操作。

图 4-1-13　创建边倒圆

10. 创建拉伸体

单击"特征"工具栏中的 按钮或选择"插入"→"设计特征"→"拉伸"命令，弹出"拉伸"对话框，如图 4-1-14 所示。利用该对话框可以进行拉伸操作，距离设为 18，"布尔"设为"求和"。

11. 创建边倒圆（一）

选择"插入"→"细节特征"→"边倒圆"命令，弹出"边倒圆"对话框，如图 4-1-15 所示。利用该对话框可以创建边倒圆操作。

12. 抽壳

单击"抽壳"按钮 或选择"插入"→"偏置/缩放"→"抽壳"命令，弹出"抽壳"对话框，如图 4-1-16 所示，过滤成"单个面"，厚度设为 2，选择顶面。

图 4-1-14　创建拉伸体

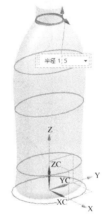

图 4-1-15　创建边倒圆（一）

13. 创建边倒圆（二）

选择"插入"→"细节特征"→"边倒圆"命令，弹出"边倒圆"对话框，设置半径为1，如图 4-1-17 所示。利用该对话框可以进行边倒圆操作。

图 4-1-16　抽壳　　　　　　　　　图 4-1-17　创建边倒圆（二）

14. 保存零件模型

选择"文件"→"保存"→"保存"命令，即可保存零件模型，参见图 4-1-2。

任务考核

任务考核分数以百分制计算，如表 4-1-1 所示。

表 4-1-1 任务考核评价表

设计思路合理（40 分）	设计步骤合理（30 分）	各个尺寸符合要求（30 分）	总　　分

任务拓展

根据上述任务设计的方法及思路，完成如图 4-1-18 所示的同类型结构设计。

顶部曲线参数方程的表达式：

Radius=25
Radius_middle=50
Radius_top=40
Raius_bottom=30
angle=angle_start×(1−t)+angle_end× t
angle_end=360
angle_start=0
height=30
height_bottom=−10
height_top=10
height_wave=1.5
n=8
t=0
wide_wave=0.5×sin(angle×n)
x1=(Radius+wide_wave)×cos(angle)
y1=(Radius+wide_wave)×sin(angle)
z1=height_wave×sin(angle×n)+height

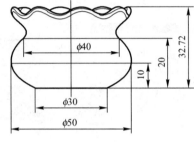
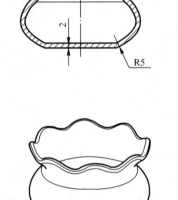
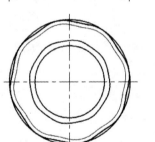

图 4-1-18　同类型结构设计图

任务二　门拉手曲面设计

能力目标

● 具备门拉手产品设计的能力。
● 能正确分析设计思路，对不同类型拉手产品进行设计。
● 会初步判断建模顺序，并合理安排设计过程。

知识目标

● 了解常见拉手产品的设计，熟悉拉手产品结构知识。
● 掌握草图绘制方法、曲面造型等知识。

● 掌握网格曲面的设计要点。

素质目标

● 培养学生善于观察、思考的习惯。
● 培养学生动手操作能力。
● 培养学生团队协作、共同解决问题的能力。

任务导入

根据图4-2-1，完成门拉手的造型设计。

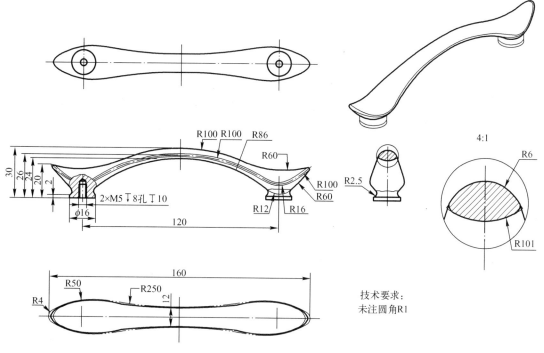

图4-2-1　门拉手曲面设计工程图

任务分析

门拉手是通过曲线和截面线对门拉手搭建一个框架，再通过网格曲面对门拉手进行实体的造型操作来完成整个门拉手的设计。在任务设计过程中，要充分考虑草图曲线、截面的应用、网格曲面设计等。

任务实施

打开 UG NX 10.0 软件，选择"文件"→"新建"→"模型"，单击"确定"按钮，进入 NX 绘图界面，然后选择"应用模块"→"建模"，进入建模设计模块。本任务绘制产品为门拉手零件，效果如图4-2-2所示。

1. 绘制草图（一）

（1）选择菜单栏中的"插入"→"在任务环境中绘制草图"（或选择菜单栏中的"主页"，

在功能区选择"草图")命令，选择 X-Y 平面作为草图平面，绘制草图曲线。草图尺寸如图 4-2-3 所示，注意 R250 圆弧圆心是在 X 轴上。

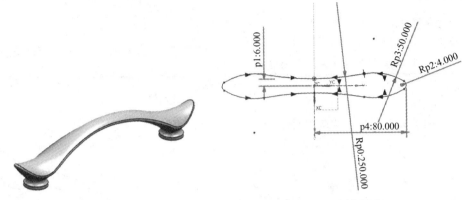

图 4-2-2　门拉手零件　　　　图 4-2-3　绘制草图（一）

（2）同理，分别依次绘制 3 个草图。选择菜单栏中和"插入"——"在任务环境中绘制草图"（或选择菜单栏中的"主页"，在功能区选择"草图"），3 个草图平面都是以 Y-Z 平面作为草图平面，草图曲线如图 4-2-4 所示。注意，中间圆弧的圆心在轴上。

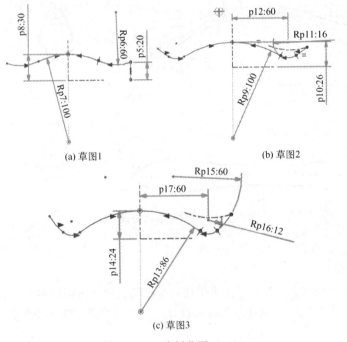

(a) 草图1　　　　　　　　(b) 草图2

(c) 草图3

图 4-2-4　绘制草图（二）

2. 创建拉伸体（一）

单击工具栏中的■按钮或选择"插入"——"设计特征"——"拉伸"命令，弹出"拉伸"对话框，如图 4-2-5 所示。利用该对话框可以对图 4-2-2 进行拉伸操作，对称拉伸 20 mm。

3. 修剪和延伸

（1）单击■按钮选择"插入"——"修剪"——"修剪与延伸"命令，弹出"修剪和延伸"对话框，距离设为 5，如图 4-2-6 所示。

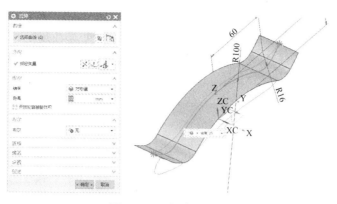

图 4-2-5　创建拉伸体

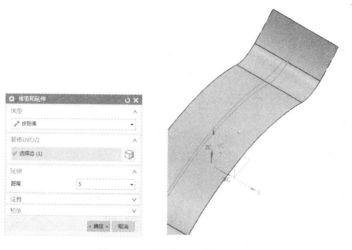

图 4-2-6　修剪和延伸（一）

（2）同理，单击　按钮或选择"插入"→"修剪"→"修剪与延伸"命令，弹出"修剪和延伸"对话框，对另一侧进行延伸，距离设为 5，如图 4-2-7 所示。

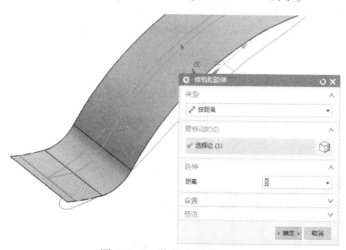

图 4-2-7　修剪和延伸（二）

4. 投影曲线

选择"插入"→"派生曲线"→"投影"命令，弹出"投影曲线"对话框，用 X-Y 平面作为草图投影曲线平面，方向设为"沿矢量"，为 Z 轴方向，设置"要投影的对象"为上一拉伸体，最终把曲线投影到片体上，如图 4-2-8 所示。

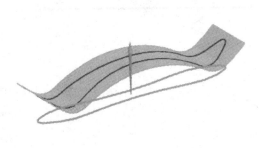

图 4-2-8　投影曲线

5. 绘制草图（二）

选择菜单栏中的"插入"→"在任务环境中绘制草图"（或选择菜单栏中的"主页"，在功能区选择"草图"）命令，选择 X-Z 平面作为草图平面，草图尺寸如图 4-2-9 所示。注意圆心在 Z 轴上。

6. 创建通过曲线网格

分别形成两个曲面。单击"特征"工具栏中的按钮或选择"插入"→"网格曲面"→"通过曲线网格"命令，弹出"通过曲线网格"对话框，利用该对话框可以进行如图 4-2-10 所示操作。所选的线段需要统一。

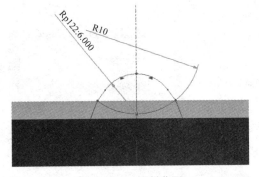

图 4-2-9　绘制草图

图 4-2-10　创建通过曲线网格

7. 创建缝合

选择"插入"→"组合"→"缝合"命令，弹出"缝合"对话框，将通过曲线网格进行缝合，如图4-2-11所示。

图4-2-11　创建缝合

8. 绘制草图（三）

选择菜单栏中的"插入"→"在任务环境中绘制草图"（或选择菜单栏中的"主页"，在功能区选择"草图"）命令，选择X-Y平面作为草图平面，绘制如图4-2-12所示的草图曲线。

9. 创建拉伸体（二）

单击"特征"工具栏中的 按钮或选择"插入"→"设计特征"→"拉伸"命令，弹出"拉伸"对话框，如图4-2-13所示。利用该对话框可以进行拉伸操作，限制距离设为2。

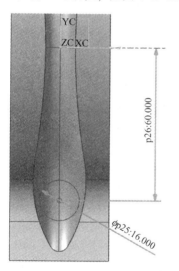

图4-2-12　绘制草图

图4-2-13　创建拉伸体（二）

10. 创建面倒圆

单击"特征"工具栏中的 按钮或选择"插入"→"细节特征"→"面倒圆"命令，弹出"面倒圆"对话框，如图4-2-14所示。利用该对话框可以进行面倒圆操作。（注意箭头方向，指向将要倒圆的中心，半径设为2.5，并在图中设置其他参数）

11. 创建边倒圆

单击 按钮或选择"插入"→"细节特征"→"边倒圆"命令，弹出"边倒圆"对话框，如图4-2-15所示，利用该对话框可以进行边倒圆操作。半径为1。

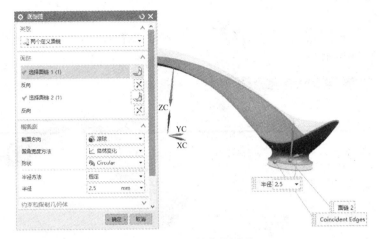

图 4-2-14　创建面倒圆

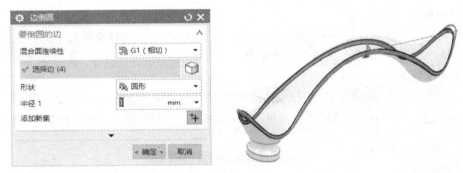

图 4-2-15　创建边倒圆

12. 创建简单孔

选择"插入"→"设计特征"→"孔"命令，弹出"孔"对话框，如图 4-2-16 所示。利用该对话框可以生成孔，打直径为 5×0.85（孔设计约为螺纹孔直径×0.85 倍）、深度为 10、顶锥角为 118°的常规孔。指定点为图 4-2-12 草图圆中心。

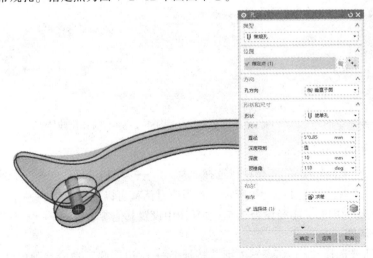

图 4-2-16　创建简单孔

13. 创建符号螺纹

选择"插入"→"设计特征"→"螺纹"命令，弹出"螺纹"对话框，如图 4-2-17 所示。选择上一步的孔，利用该对话框可以进行符号螺纹操作。

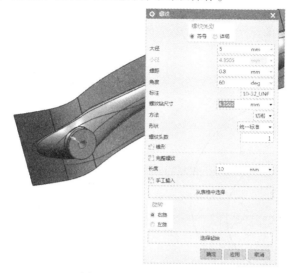

图 4-2-17　创建符号螺纹

14. 创建镜像特征

单击 按钮或选择"插入"→"关联复制"→"镜像特征"命令，弹出"镜像特征"对话框，如图 4-2-18 所示。利用该对话框可以进行镜像操作。

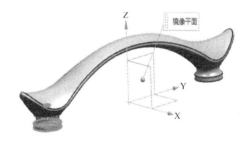

图 4-2-18　创建镜像特征

15. 保存零件模型

选择"文件"→"保存"→"保存"命令，即可保存零件模型，结果参见图 4-2-2。

任务考核

任务考核分数以百分制计算，如表 4-2-1 所示。

表 4-2-1　任务考核评价表

设计思路合理（40 分）	设计步骤合理（30 分）	各个尺寸符合要求（30 分）	总　　分

任务拓展

根据上述任务设计的方法及思路，完成如图 4-2-19 所示的同类型结构设计。

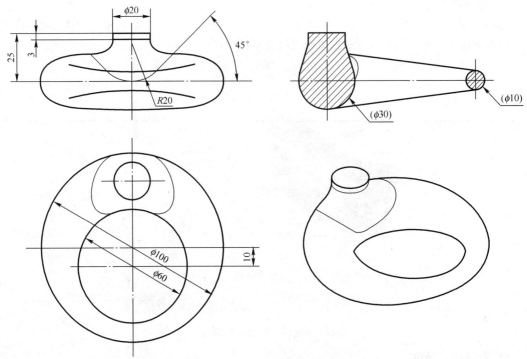

图 4-2-19　同类型结构设计图

任务三　照相机外壳曲面设计

能力目标

- 具备照相机外壳产品设计的能力。
- 能正确分析设计思路，对不同类型外壳产品进行设计。
- 会初步判断建模顺序，并合理安排设计过程。

知识目标

- 了解常见外壳产品的设计，熟悉外壳产品结构知识。
- 掌握草图绘制方法、曲面造型等知识。
- 掌握扫掠曲面的设计要点。

素质目标

- 培养学生善于观察、思考的习惯。
- 培养学生动手操作能力。
- 培养学生团队协作、共同解决问题的能力。

任务导入

根据图 4-3-1 完成照相机外壳的造型设计。

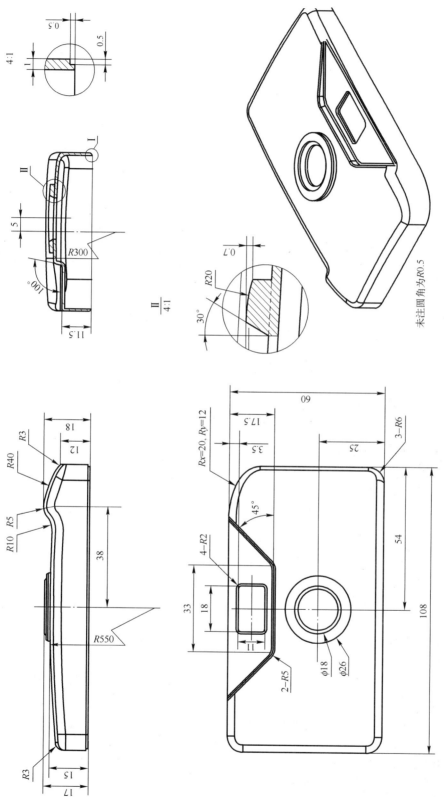

图4-3-1　照相机外壳曲面设计工程图

任务分析

通过四方体和曲线、扫描面对照相机外壳搭建一个框架，再通过添加凸台和孔对照相机外壳进行实体的造型操作来完成整个照相机外壳的设计。本任务设计过程中，要充分考虑草图曲线的应用、扫描面的设计等。

任务实施

打开 UG NX 10.0 软件，选择"文件"→"新建"→"模型"，单击"确定"按钮，进入 NX 绘图界面，然后选择"应用模块"→"建模"，进入建模设计模块。本任务绘制产品为照相机壳，效果如图 4-3-2 所示。

1. 绘制照相机壳边框草图

选择菜单栏中的"插入"→"在任务环境中绘制草图"（或选择菜单栏中的"主页"，在功能区选择"草图"）命令，选择 X-Y 平面作为草图平面，草图尺寸如图 4-3-3 所示。设置长为 108，宽为 60，绘制完成后右击，选择"完成草图"命令。

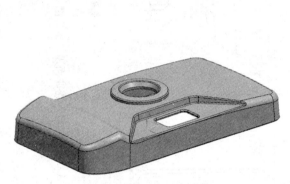

图 4-3-2　照相机壳零件

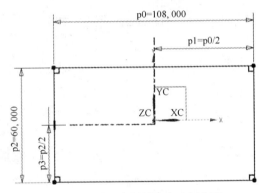

图 4-3-3　创建照相机壳边框草图

2. 创建照相机壳外形的拉伸拔模体

选择菜单栏中的"插入"→"设计特征"→"拉伸"命令（或在"主页"中直接单击"拉伸"按钮），弹出"拉伸"对话框，如图 4-3-4 所示，选择图中的草图，进行拉伸和拔模操作。设置拉伸距离为 30，拔模类型为"从起始限制"，角度为 1。

3. 创建照相机壳顶面修剪草图线

选择"插入"→"在任务环境中绘制草图"命令，选择 X-Z 平面作为草图平面，草图尺寸如图 4-3-5 所示。（左右端点分别锁住关键点，与第一步宽度相等，切记 R550 圆心在轴上）

4. 创建照相机壳顶面修剪草图线

选择"插入"→"在任务环境中绘制草图"命令，选择 Y-Z 平面作为草图平面，绘制如图 4-3-6 所示的草图曲线，曲线长度设为大于 60 且圆心在 Y 轴上。（注意控制好高度尺寸，可用交点，也可用高度值控制，R500 圆弧两端长度只要大于第二步要修剪体宽度即可，无须具体尺寸）

5. 创建照相机壳顶面扫掠

单击"曲面"工具栏中的 🖱 按钮或选择"插入"→"扫掠"→"扫掠"命令，弹出"扫掠"对话框，如图 4-3-7 所示。利用该对话框可以进行扫掠操作。

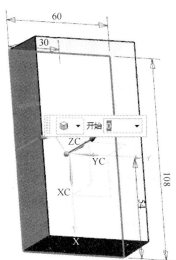

图 4-3-4　创建拉伸拔模体

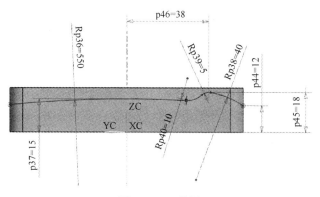

图 4-3-5　草图

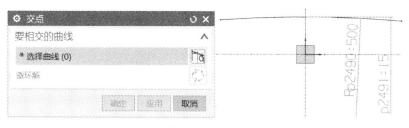

图 4-3-6　草图

6. 创建照相机壳顶面

单击工具栏中的 按钮或选择"插入" → "修剪" → "修剪体"命令，弹出"修剪"对话框，如图 4-3-8 所示。利用该对话框可以进行修剪操作。

图 4-3-7　创建扫掠面

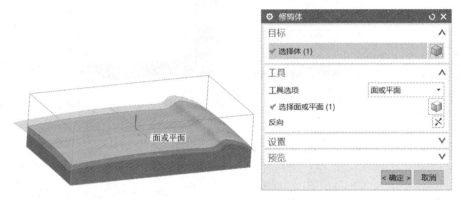

图 4-3-8　修剪体

7. 创建照相机边框四周与顶面边缘的边倒圆

单击🗔按钮或选择"插入"→"细节特征"→"边倒圆"命令，弹出"边倒圆"对话框，如图 4-3-9 所示。利用该对话框可以进行边倒圆操作，先完成半径为 6 的三条外边，完成后再进行顶面边缘倒圆，设置半径为 3。

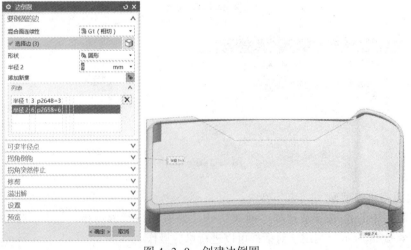

图 4-3-9　创建边倒圆

8. 俯视图右上边创建照相机壳的面倒圆

单击 按钮或选择"插入"→"细节特征"→"面倒圆"命令，弹出"面倒圆"对话框，如图4-3-10所示。利用该对话框可以进行面倒圆操作。形状为：非对称相切，（注意方向）距离为 $Rx=20$，$Ry=12$。

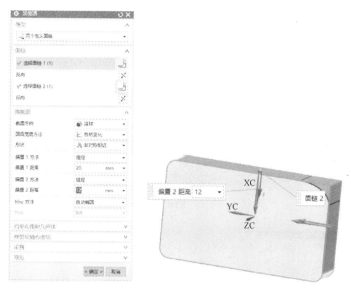

图4-3-10　创建面倒圆

9. 创建闪光灯梯形槽的草图

选择"插入"→"在任务环境中绘制草图"命令，选择 X-Z 平面作为草图平面，草图尺寸如图4-3-11所示。设置上底为86，下底为33，高为18，角度为135°或45°。

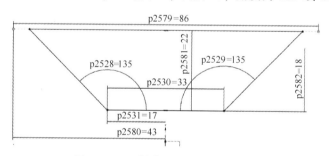

图4-3-11　创建闪光灯梯形槽草图

10. 创建闪光灯梯形槽的拉伸拔模体

单击工具栏中的 图标或选择"插入"→"设计特征"→"拉伸"命令，弹出"拉伸"对话框，如图4-3-12所示。利用该对话框可以进行拉伸和拔模操作，设置开始拉伸距离为11.5，结束距离为30，拔模为-10。（拔模时注意方向）

11. 创建闪光灯梯形槽边的边倒圆

单击 图标或选择"插入"→"细节特征"→"边倒圆"命令，弹出"边倒圆"对话框，如图4-3-13所示。利用该对话框可以进行边倒圆操作，设置倒圆半径为5与0.5。（倒圆顺序建议先大后小，即先倒R5，应用；然后再倒四周R0.5，倒圆顺序灵活应用）

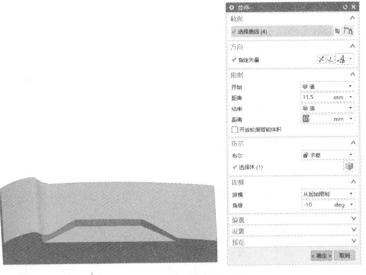

图 4-3-12　创建拉伸拔模体

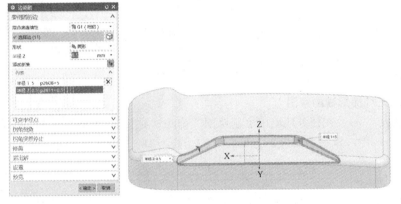

图 4-3-13　创建边倒圆

12. 创建照相机壳的抽壳

单击 图标或选择"插入"→"偏置 \ 缩放"→"抽壳"命令，弹出"抽壳"对话框，如图 4-3-14 所示。利用该对话框可以进行抽壳操作，厚度为 1。

图 4-3-14　创建抽壳

13. 创建闪光灯的矩形腔体

选择"插入"→"设计特征"→"腔体"命令，弹出"腔体"对话框，选择"矩形"，弹出"矩形腔体"对话框，如图4-3-15所示。选择放置面（闪光灯梯形水平面），方向为X轴水平方向，利用该对话框可以进行矩形腔体操作。设置长度为18，宽度为11，深度为3，拐角半径为2，其余为0，定位参考工程图尺寸。

图4-3-15　创建矩形腔体

14. 创建照相机镜头草图

选择"插入"→"在任务环境中绘制草图"命令，选择X-Y平面作为草图平面，绘制如图4-3-16所示的草图曲线。设置直径为26，圆心距X轴基准为5，圆心点固定在Y轴上。

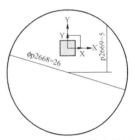

图4-3-16　绘制镜头草图

15. 创建照相机镜头的拉伸偏置体

单击工具栏中的 按钮或选择"插入"→"设计特征"→"拉伸"命令，弹出"拉伸"对话框，如图4-3-17所示。利用该对话框可以进行拉伸操作，设置拉伸方向往下即-Z轴方向，开始距离

图4-3-17　创建拉伸偏置体

为-17，结束选择"直至选定"并选择顶面，"偏置"设为两侧：0~-4，"布尔"选择"求和"。

16. 创建照相机镜头的拔模体

单击工具栏中的  按钮或选择"插入"→"细节特征"→"拔模"命令，弹出"拔模"对话框，如图4-3-18所示。利用该对话框可以进行拔模操作，方向设为+Z轴或往上，固定面为顶面圆形面，拔模面为内侧面，拔模角度设为30。

图4-3-18　创建镜头的拔模体

17. 创建照相机镜片的拉伸体

单击工具栏中的  按钮或选择"插入"→"设计特征"→"拉伸"命令，弹出"拉伸"对话框，如图4-3-19所示。利用该对话框可以进行拉伸操作，选择内侧曲线，拉伸高度不限，只要贯穿即可，生成曲面。

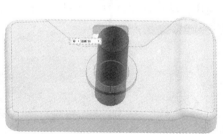

图4-3-19　创建镜片拉伸体

18. 创建照相机镜头的修剪体

单击"特征"工具栏中的 按钮或选择"插入"→"修剪"→"修剪体"命令，弹出"修剪"对话框，如图4-3-20所示。利用该对话框可以进行修剪操作。（注意保留方向）

19. 绘制照相机镜头外圈的草图

选择"插入"→"在任务环境中绘制草图"命令，选择Y-Z平面作为草图平面，绘制如图4-3-21所示的草图曲线。首先，选择"插入"→"草图曲线"→"交点"命令，分别选择顶面内圆、外圆的线，分别单击"应用"按钮，注意点生成的方向，出现坐标轴。接着，约绘制R20圆弧，里面锁住内交点，外面从交点相差0.7位置绘制线，草图尺寸如图4-3-21所示。

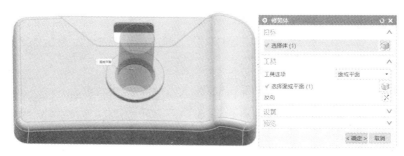

图 4-3-20　创建镜头的修剪体

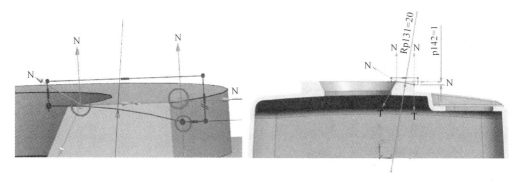

图 4-3-21　绘制草图

20. 创建照相机镜头外圈的旋转体

单击工具栏中的 按钮或选择"插入"→"设计特征"→"旋转"命令，弹出"旋转"对话框，如图 4-3-22 所示。利用该对话框可以进行旋转操作，旋转角度设为 360°，"布尔"选择"求差"。

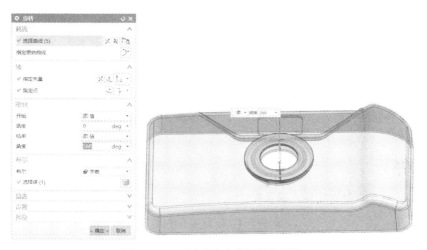

图 4-3-22　创建镜头外圈的旋转体

21. 创建照相机镜头外圈的边倒圆

单击 按钮或选择"插入"→"细节特征"→"边倒圆"命令，弹出"边倒圆"对话框，对闪光灯矩形腔体与镜头外圈进行边倒圆操作，设置半径为 0.5，如图 4-3-23 所示。

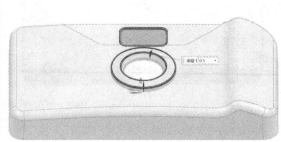

图 4-3-23　创建镜头外圈的边倒圆

22. 创建照相机壳边框底部定位处的拉伸体

单击工具栏中的 █ 按钮或选择"插入"→"设计特征"→"拉伸"命令，弹出"拉伸"对话框，如图 4-3-24 所示。利用该对话框可以进行拉伸操作。底下最外面周围线，拉伸方向为+Z 或往上，拉伸高度为 0.5，偏置为两侧：1 至-0.5。（切记：偏置方向不对时，调整正负数即可）

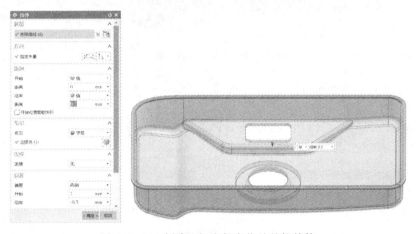

图 4-3-24　创建边框底部定位处的拉伸体

23. 保存零件模型

选择"文件"→"保存"→"保存"命令，即可保存零件模型，结果参见图 4-3-2。

任务考核

任务考核分数以百分制计算，如表 4-3-1 所示。

表 4-3-1　任务考核评价表

设计思路合理（40 分）	设计步骤合理（30 分）	各个尺寸符合要求（30 分）	总　　分

任务拓展

根据上述任务设计的方法及思路，完成如图 4-3-25 所示的同类型结构设计。

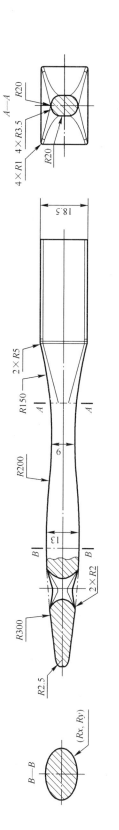

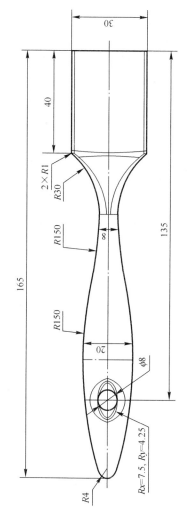

图4-3-25 同类型结构设计图

项目五　装配设计

　　UG NX 装配过程是在装配中建立部件之间的连接关系。它是通过关联条件在部件间建立约束关系来确定部件在产品中的位置。在装配中，部件的几何体是被装配引用，而不是复制到装配中。不管如何编辑部件和在何处编辑部件，整个装配部件都保持关联性。如果某部件进行了修改，则引用它的装配部件自动更新，反应部件的最新变化。

　　UG NX 装配模块不仅能快速组合零部件成为产品，而且在装配中，可参照其他部件进行部件关联设计，并可对装配模型进行间隙分析、重量管理等操作。装配模型生成后，可建立爆炸视图，并可将其引入到装配工程图中；同时，在装配工程图中可自动产生装配明细表，并能对轴测图进行局部挖切。

　　本项目主要介绍 UG 基本装配模块的使用方法，包括自底向上装配设计及自顶向下装配设计两种设计，旨在让大家快速掌握装配的一般方法。具体安排如下：

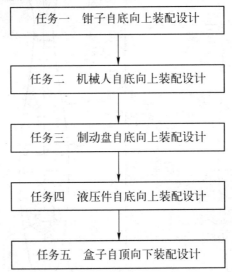

```
任务一　钳子自底向上装配设计
        ↓
任务二　机械人自底向上装配设计
        ↓
任务三　制动盘自底向上装配设计
        ↓
任务四　液压件自底向上装配设计
        ↓
任务五　盒子自顶向下装配设计
```

任务一　钳子自底向上装配设计

能力目标

- 具备基本的装配设计能力。
- 能正确分析装配过程，明确装配顺序。
- 会装配约束关系，并正确设计装配结构。

知识目标

- 了解装配的类型，熟悉装配知识。

- 掌握钳子装配方法、组件配对约束等知识。
- 掌握装配移动方法。

素质目标

- 培养学生善于观察、思考的习惯。
- 培养学生手动操作的能力。
- 培养学生团队协作、共同解决问题的能力。

任务导入

根据图 5-1-1 完成钳子自底向上装配设计。

任务分析

钳子自底向上装配设计主要应用装配知识把已设计好的组件组装起来，利用配对约束来定好组件之间的关系。组装过程中，先将底下夹钳座调进来并设为配合主件，固定在坐标系中，然后依次将其他组件配对起来即可。

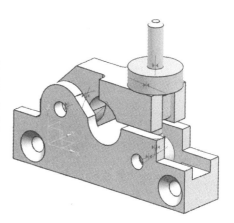

图 5-1-1　钳子自底向上装配效果图

任务实施

打开 UG NX 10.0 软件，选择"文件"→"新建"（新建名称为 top）→"模型"，单击"确定"按钮，进入 NX 绘图界面，然后选择"应用模块"→"建模"，进入建模设计模块。(本装配单位为英寸，总装图与子装配单位要一致)

1. 打开装配模块及装配工具栏

选择"应用模块"，单击"装配"按钮，进入装配模块，如图 5-1-2 所示。本任务所有操作通过装配工具栏（见图 5-1-3）中的快捷按钮来完成。

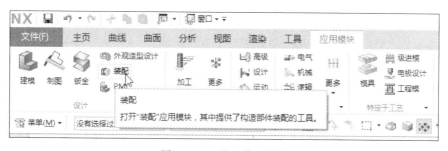

图 5-1-2　进入装配模块

图 5-1-3　装配工具栏

2. 更换背景颜色（此步可不操作）

选择"文件"→"首选项"命令，弹出如图 5-1-4 所示"编辑背景"对话框，在"普通颜色"区域中选择白色，"着色视图"中把"渐变"改为"纯色"，单击"确定"按钮，背景颜色即可改为白色。

图 5-1-4 "编辑背景"对话框

3. 添加夹钳座组件

（1）单击"装配"工具栏中的"添加"按钮，弹出如图 5-1-5 所示的"添加组件"对话框，单击"打开"按钮，找到夹钳座的文件 clamp_base，选择该文件并单击"确定"按钮，弹出如图 5-1-6 所示的"组件预览"对话框。

图 5-1-5 "添加组件"对话框

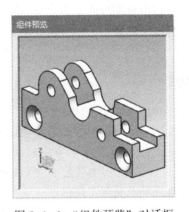

图 5-1-6 "组件预览"对话框

（2）在"添加组件"对话框的"放置"一栏中，选择"通过约束"（见图 5-1-7），单击"确定"按钮，弹出如图 5-1-8 所示的"装配约束"对话框和如图 5-1-9 所示的夹钳座示意图。

图 5-1-7 "放置"栏

图 5-1-8 "装配约束"对话框

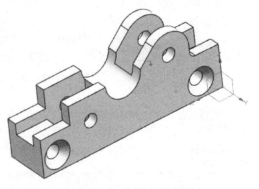

图 5-1-9 夹钳座示意图

（3）在"装配约束"对话框中，"类型"选择" ▇ 固定"，"选择对象"选择如图 5-1-9 所示的夹钳座示意图，单击"确定"按钮，即可把底座部件的位置固定下来。

4. 添加夹钳凸耳组件

（1）单击"装配"工具栏中的添加组件按钮 💥，弹出如图 5-1-10 所示"添加组件"对话框，单击"打开"按钮 🔔，找到夹钳凸耳的文件 🔵clamp_lug，选择该文件并单击"确定"按钮，弹出如图 5-1-11 所示的"组件预览"窗口。

图 5-1-10 "添加组件"对话框　　　图 5-1-11 "组件预览"窗口

（2）在"添加组件"对话框的"放置"栏中选择"通过约束"（见图 5-1-12），单击"确定"按钮，弹出如图 5-1-13 所示的"装配约束"对话框。

图 5-1-12 "放置"栏

（3）在"装配约束"对话框中，"类型"选择"接触对齐"，"选择对象"选择如图 5-1-14 所示的夹钳凸耳的中心线，再选择如图 5-1-15 所示的夹钳座的中心线，单击"应用"按钮。

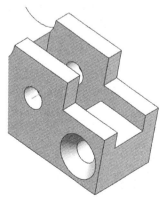

图 5-1-13 "装配约束"对话框　　图 5-1-14 夹钳凸耳中心线　　图 5-1-15 夹钳座中心线

（4）在"装配约束"对话框中，"类型"选择"中心"，"子类型"选择"2 对 2"，"选择对象"选择如图 5-1-16 所示的夹钳凸耳的两个对称面，再选择如图 5-1-17 所示的夹钳座的两个对称面，单击"确定"按钮，完成圆柱的装配。装配效果图，如图 5-1-18 所示。

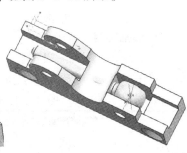

图 5-1-16　夹钳凸耳的两个对称面　　图 5-1-17　夹钳座两个对称面　　图 5-1-18　装配效果图

（5）单击"装配"工具栏中的"移动组件"按钮，弹出如图 5-1-19 所示的"移动组件"对话框，"选择组件"为如图 5-1-20 所示的夹钳凸耳示意图，单击"指定方向"，弹出如图 5-1-21 所示"移动手柄"。

（6）顺着 YC-ZC 轴方向旋转 90°，如图 5-1-22 所示把夹钳凸耳摆正，单击"确定"按钮。

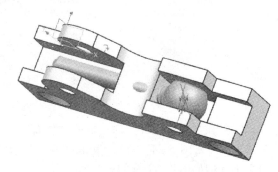

图 5-1-19　"移动组件"对话框　　　　　　　图 5-1-20　夹钳凸耳示意图

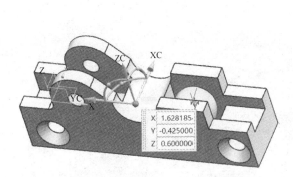
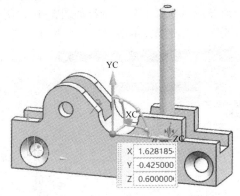

图 5-1-21　"移动手柄"示意图　　　　　　图 5-1-22　旋转手部示意图

5. 添加夹钳帽组件

（1）单击"装配"工具栏中的添加组件按钮，弹出如图 5-1-23 所示的"添加组件"对话框，单击"打开"按钮，选择夹钳帽的文件 clamp_cap，单击"确定"按钮，系统自动弹出如图 5-1-24 所示的"组件预览"窗口。

图 5-1-23 "添加组件"对话框

图 5-1-24 "组件预览"窗口

（2）在"添加组件"对话框的"放置"栏中选择"通过约束"（见图 5-1-25），单击"确定"按钮，弹出如图 5-1-26 所示"装配约束"对话框。

（3）在"装配约束"对话框中，"类型"选择"接触对齐"，"选择对象"选择如图 5-1-27 所示夹钳帽的中心线，再选择如图 5-1-28 所示夹钳座的中心线，单击"应用"按钮。

图 5-1-25 "放置"栏

图 5-1-26 "装配约束"对话框

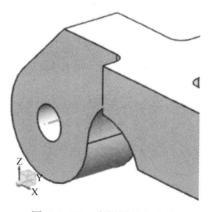

图 5-1-27 夹钳帽的中心线

（4）在"装配约束"对话框中，"类型"选择"中心"，"子类型"选择"2 对 2"，"选择对象"选择如图 5-1-29 所示的夹钳帽的两个对称面，再选择如图 5-1-30 所示的夹钳座的两个对称面，单击"确定"按钮，完成圆柱的装配。装配效果图如图 5-1-31 所示。

6. 添加压紧螺母组件

（1）单击"装配"工具栏中的添加组件按钮 ，弹出如图 5-1-32 所示的"添加组件"对话框，单击"打开"按钮 ，选择压紧螺母的文件 clamp_nut，单击"确定"按钮，弹出如图 5-1-33 所示的"组件预览"窗口。

图 5-1-28　夹钳座的中心线

图 5-1-29　夹钳帽两个对称面

图 5-1-30　夹钳座两个对称面

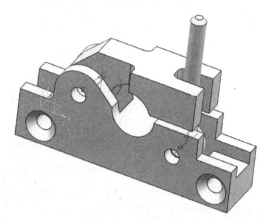

图 5-1-31　装配效果图

图 5-1-32　"添加组件"对话框

图 5-1-33　"组件预览"窗口

（2）在"添加组件"对话框的"放置"栏中，选择"通过约束"（见图 5-1-34），单击"确定"按钮，弹出如图 5-1-35 所示的"装配约束"对话框。

（3）在"装配约束"对话框中，"类型"选

图 5-1-34　"放置"栏

择"接触对齐","选择对象"选择如图5-1-36所示压紧螺母的中心线,再选择如图5-1-37所示夹钳凸耳的中心线,单击"应用"按钮。

图5-1-35 "装配约束"对话框　　图5-1-36 压紧螺母中心线　　图5-1-37 夹钳凸耳的中心线

（4）选择如图5-1-38所示的压紧螺母的面,再选择如图5-1-39所示的夹钳帽的面,单击"确定"按钮。装配效果图参见图5-1-1。

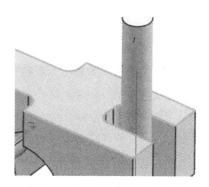

图5-1-38 压紧螺母两个对称面　　　　图5-1-39 夹钳帽两个对称面

7. 保存装配图

选择"文件"→"保存"命令,完成装配图的保存。

任务考核

任务考核分数以百分制计算,如表5-1-1所示。

表5-1-1 任务考核评价表

装配思路合理（40分）	装配步骤合理（30分）	组件配对符合要求（30分）	总　　分

任务拓展

根据上述任务装配方法,完成如图5-1-40所示的同类型装配设计。

图 5-1-40 同类型装配设计图

任务二 机械人自底向上装配设计

能力目标

- 具备基本的装配设计能力，并将机械人组装完整。
- 能正确分析机械人的动作过程，明确装配顺序。
- 会使用装配约束，并对装配配对关系判断正确。

知识目标

- 了解装配的类型，熟悉自底向上装配知识。
- 掌握机械人装配方法，进一步掌握组件配对约束等知识。
- 掌握装配移动、编辑及修改的方法。

素质目标

- 培养学生善于观察、思考的习惯。
- 培养学生手动操作的能力。
- 培养学生团队协作、共同解决问题的能力。

任务导入

根据图 5-2-1 完成机械人自底向上装配设计。

任务分析

机械人自底向上装配设计主要应用装配的知识把已设计好的组件组装起来，通过本任务进一步使用配对约束功能，在添加相同装配组件中使用复制或重新调入即可。与此同时，组装机械人手及脚时，有方向之分，以机械人身体为第一调入组件，其他的组件均与身体相关联。

图 5-2-1 机械人自底向上
装配效果图

任务实施

打开 UG NX 10.0 软件，选择"文件"→"新建"（新建名称为 top）→"模型"，单击"确定"按钮，进入 NX 绘图界面，然后选择"应用模块"→"建模"，进入建模设计模块。本任务为机械人自底向上装配设计，效果如图 5-2-1 所示。

1. 打开装配模块及装配工具栏

选择"应用模块"，单击"装配"按钮，进入装配模块，如图 5-2-2 所示。本任务所有操作通过装配工具栏（见图 5-2-3）中的按钮进行介绍。

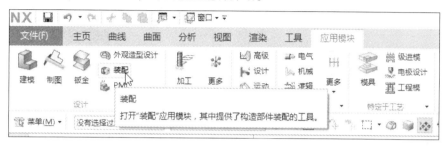

图 5-2-2　装配模块

图 5-2-3　装配工具栏

2. 更换背景颜色（此步可不操作）

选择"文件"→"首选项"命令，弹出如图 5-2-4 所示的"编辑背景"对话框，在"普通颜色"区域中选择白色，"着色视图"中把"渐变"改为"纯色"，单击"确定"按钮，背景颜色即可改为白色。

3. 添加机器人身体组件

（1）单击"装配"工具栏中的添加组件按钮，弹出如图 5-2-5 所示的"添加组件"对话框，单击"打开"按钮，选择机器人身体的文件 robot toy，单击"确定"按钮，弹出如图 5-2-6 所示的"组件预览"窗口。

图 5-2-4　"编辑背景"对话框

图 5-2-5　"添加组件"对话框

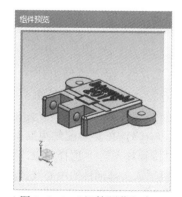

图 5-2-6　"组件预览"窗口

（2）在"添加组件"对话框的"放置"栏中，选择"通过约束"（见图 5-2-7），单击"确定"按钮，弹出如图 5-2-8 所示的"装配约束"对话框和如图 5-2-9 所示的机器人身体部件。

图 5-2-7　"放置"栏　　　　图 5-2-8　"装配约束"对话框　　　　图 5-2-9　机器人身体部件

（3）在"装配约束"对话框中，"类型"选择"固定"，"选择对象"选择如图 5-2-9 所示的机器人身体部件，单击"确定"按钮，即可把机器人身体部件的位置固定下来。

4. 添加机器人头部组件

（1）单击"装配"工具栏中的"添加组件"按钮，弹出如图 5-2-10 所示的"添加组件"对话框，单击"打开"按钮，选择机器人头部文件 head，单击"确定"按钮，弹出如图 5-2-11 所示的"组件预览"窗口。

图 5-2-10　"添加组件"对话框　　　　图 5-2-11　"组件预览"窗口

　　（2）在"添加组件"对话框的"放置"栏中，选择"通过约束"（见图 5-2-12），单击"确定"按钮，弹出如图 5-2-13 所示的"装配约束"对话框。

图 5-2-12　"放置"栏

　　（3）在"装配约束"对话框中，"类型"选择"接触对齐"，"选择对象"选择如图 5-2-14 所示的机器人头部部件的中心线，再选择如图 5-2-15 所示的身体部件中与头部对应的中心线，单击"确定"按钮，工作界面出现如图 5-2-16 所示的装配效果图。

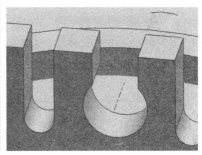

图 5-2-13 "装配约束"对话框　图 5-2-14 机器人头部中心线　图 5-2-15 身体部件中心线

（4）从图 5-2-16 中看出"头部"装配尚未完成，单击"装配"工具栏中的"装配约束"按钮 ，弹出如图 5-2-17 所示的"装配约束"对话框，"类型"选择"接触对齐"，对象选择如图 5-2-18 所示的"头部"部件平面和图 5-2-19 所示的"身体"部件中的平面。

（5）单击"确定"按钮，完成"头部"的约束。装配效果图如图 5-2-20 所示。

图 5-2-16 装配效果图　　图 5-2-17 "装配约束"对话框　　图 5-2-18 "头部"部件平面

图 5-2-19 "身体"部件平面　　　　图 5-2-20 装配效果图

5. 添加机器人手部组件

（1）单击"装配"工具栏中的添加组件按钮 ，弹出如图 5-2-21 所示的"添加组件"对话框，单击"打开"按钮 ，选择机器人手部的文件 arm，单击"确定"按钮，弹出如图 5-2-22 所示的"组件预览"窗口。

（2）在"添加组件"对话框的"放置"栏中，选择"通过约束"（见图5-2-23），单击"确定"按钮，弹出如图5-2-24所示"装配约束"对话框。

图5-2-21　"添加组件"对话框　　图5-2-22　"组件预览"窗口　　　　图5-2-23　"放置"栏

（3）在"装配约束"对话框中，"类型"选择"接触对齐"，"选择对象"选择如图5-2-25所示的机器人手部部件中的中心线，再选择如图5-2-26所示的身体部件中与手部对应的中心线，单击"确定"按钮，工作界面出现如图5-2-27所示的装配效果图。

（4）从图5-2-27中可以看出"手部"装配反了，单击"装配"工具栏中的"移动组件"按钮🖑，弹出如图5-2-28所示的"移动组件"对话框，选择组件为如图5-2-29所示机器人的手部，单击"指定方向"，弹出如图5-2-30所示的移动手柄。

（5）顺着X-Z轴方向旋转180°，把机器人的手臂方位旋正，如图5-2-31所示。

图5-2-24　"装配约束"对话框

图5-2-25　手部部件中心线　　图5-2-26　身体部件中心线　　图5-2-27　装配效果图

（6）也可顺着Y-Z轴方向旋转一定角度，改变手臂的姿势，如图5-2-32所示。单击"确定"按钮，完成手臂旋转操作。图5-2-33所示为手部效果图，尚未装配完成。

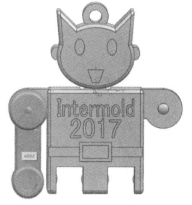

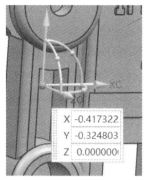

图 5-2-28　"移动组件"对话框　　　图 5-2-29　手部示意图　　　图 5-2-30　移动手柄

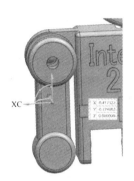

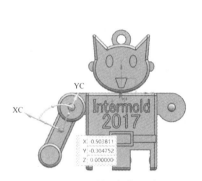

图 5-2-31　旋转手部示意图　　　图 5-2-32　手部姿势示意图　　　图 5-2-33　手部效果图

（7）单击"装配"工具栏中的"装配约束"按钮，弹出如图 5-2-34 所示的"装配约束"对话框，"类型"选择"中心"，"子类型"设为"2 对 2"，对象选择如图 5-2-35 所示"身体"部件中对称的两个平面和图 5-2-36 所示"手臂"部件中两个对称的平面。

图 5-2-34　"装配约束"对话框　　　图 5-2-35　"身体"部件平面　　图 5-2-36　"手臂"部件平面

（8）单击"确定"按钮，完成手臂的装配。装配效果图，如图 5-2-37 所示。

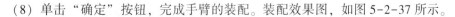

（9）重复上述步骤，装配另一只手臂，装配效果图如图 5-2-38 所示。

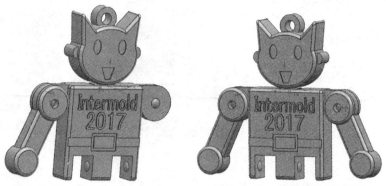

图 5-2-37　装配效果图（一）　　　　图 5-2-38　装配效果图（二）

6. 添加机器人腿部组件

（1）单击"装配"工具栏中的添加组件按钮，弹出如图 5-2-39 所示的"添加组件"对话框，单击"打开"按钮，选择机器人腿部的文件，单击"确定"按钮，弹出如图 5-2-40 所示的"组件预览"窗口。

图 5-2-39　"添加组件"对话框　　　　图 5-2-40　"组件预览"窗口

（2）在"添加组件"对话框的"放置"栏中，选择"通过约束"（见图 5-2-41），单击"确定"按钮，弹出如图 5-2-42 所示的"装配约束"对话框。

图 5-2-41　"放置"栏　　　　图 5-2-42　"装配约束"对话框

（3）在"装配约束"对话框中，"类型"选择"同心"，"选择对象"选择如图 5-2-43 所示机器人腿部部件中的圆，再选择如图 5-2-44 所示身体部件中与腿部对应的圆，单击"确定"按钮，工作界面出现如图 5-2-45 所示的装配图。

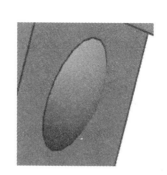

图 5-2-43　机器人腿部的圆　　　图 5-2-44　身体部件中的圆　　　图 5-2-45　装配效果图（一）

（4）重复上述步骤，装配另一条腿，装配效果图，如图 5-2-46 所示。

（5）从图 5-2-46 所示的图中可以看出，"腿部"装配反了，单击"装配"工具栏中的"移动组件"按钮，弹出如图 5-2-47 所示的"移动组件"对话框，选择组件为如图 5-2-48 所示机器人的腿部，单击"指定方位"，弹出如图 5-2-49 所示的移动手柄。

图 5-2-46　装配效果图（二）　　　　　图 5-2-47　"移动组件"对话框

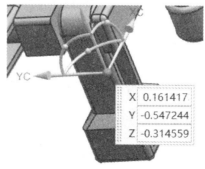

图 5-2-48　机器人腿部　　　　　图 5-2-49　移动手柄

（6）顺着 X-Y 轴方向旋转 180°，把机器人的腿部方位旋正，如图 5-2-50 所示。

（7）也可顺着 X-Z 轴方向旋转一定角度，改变腿部的姿势（见图 5-2-51），单击"确定"按钮，完成腿部旋转操作。图 5-2-1 所示为完整装配图效果。

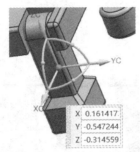 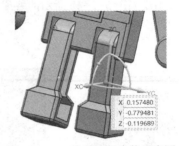

图 5-2-50　旋转腿部示意图　　　图 5-2-51　改变腿部姿势示意图

7. 保存装配图

选择"文件"→"保存"命令，完成装配图的保存。

任务考核

任务考核分数以百分制计算，如表 5-2-1 所示。

表 5-2-1　任务考核评价表

装配思路合理（40 分）	装配步骤合理（30 分）	组件配对符合要求（30 分）	总分

任务拓展

根据上述任务装配方法，完成如图 5-2-52 所示的同类型装配设计。

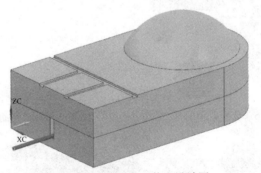

图 5-2-52　同类型装配设计图

任务三　制动盘自底向上装配设计

能力目标

- 具备部件装配设计的能力。
- 能正确组装中等复杂装配零件。
- 会使用装配约束，并正确判断装配配对关系。

知识目标

- 了解装配的类型，熟悉自底向上装配知识。
- 进一步掌握组件配对约束等知识。
- 掌握建立装配的方法。

素质目标

- 培养学生善于观察、思考的习惯。
- 培养学生手动操作的能力。
- 培养学生团队协作、共同解决问题的能力。

任务导入

根据图 5-3-1 完成制动盘自底向上装配设计。

任务分析

制动盘是常见的汽车结构零件系统，本任务利用自底向上装配设计的知识把已设计好的组件组装起来。同时，本任务组件较多，要确定从功能上区分进行组装。本任务组件以英寸单位，因此建立的总装配应该与子部件单位一致，以减少后续不必要的麻烦。

图 5-3-1　制动盘自底向上装配效果

任务实施

打开 UG NX 10.0 软件，选择"文件"→"新建"（新建名称为 top）→"模型"，单击"确定"按钮，进入 NX 绘图界面，然后选择"应用模块"→"建模"，进入建模设计模块。本任务为制动盘自底向上装配设计，效果如图 5-3-1 所示。

1. 打开装配模块及装配工具栏

选择"应用模块"，单击"装配"按钮，进入装配模块，如图 5-3-2 所示。本任务所有操作通过装配工具栏中的快捷按钮进行介绍，装配工具栏如图 5-3-3 所示。

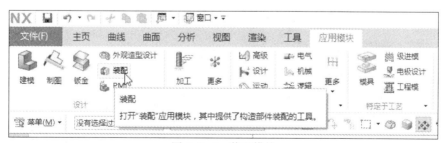

图 5-3-2　装配模块

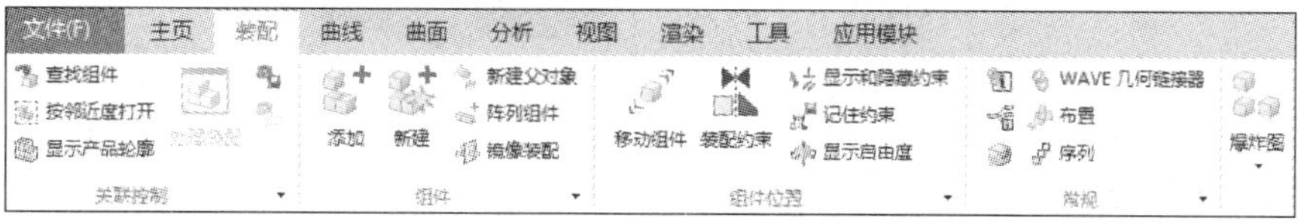

图 5-3-3　装配工具栏

2. 更换背景颜色（此步可不操作）

选择"文件"→"首选项"命令，弹出如图 5-3-4 所示"编辑背景"对话框，在"普通颜色"区域选择白色，"着色视图"中把"渐变"改为"纯色"，单击"确定"按钮，背景颜色即可改为白色。

3. 添加下控制臂组件

（1）单击"装配"工具栏中的添加组件按钮，弹出如图 5-3-5 所示的"添加组件"对话框，单击"打开"按钮，选择下控制臂的文件 apd_lower_control_arm ，单击"确定"按钮，弹出如图 5-3-6 所示的"组件预览"窗口。

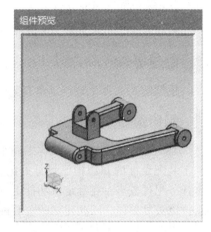

图 5-3-4 "编辑背景"对话框　　图 5-3-5 "添加组件"对话框　　图 5-3-6 "组件预览"窗口

（2）在"添加组件"对话框的"放置"栏中，选择"通过约束"（见图 5-3-7），单击"确定"按钮，弹出如图 5-3-8 所示的"装配约束"对话框和如图 5-3-9 所示的下控制臂部件。

图 5-3-7 "放置"栏

（3）在"装配约束"对话框中，"类型"选择"固定"，"选择对象"选择如图 5-3-9 所示的下控制臂部件，单击"确定"按钮，即可把底座部件的位置固定下来。

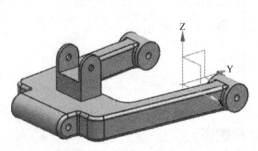

图 5-3-8 "装配约束"对话框　　　　图 5-3-9 下控制臂部件

4. 添加车架纵梁组件

（1）单击"装配"工具栏中的添加组件按钮，弹出如图 5-3-10 所示的"添加组件"对话框，单击"打开"按钮，选择车架纵梁文件 apd_frame_rail ，单击"确定"按钮，弹出如图 5-3-11 所示的"组件预览"窗口。

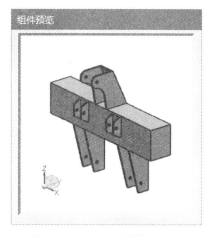

图 5-3-10　"添加组件"对话框　　　图 5-3-11　"组件预览"窗口

（2）在"添加组件"对话框的"放置"栏中选择"通过约束"（见图 5-3-12），单击"确定"按钮，弹出如图 5-3-13 所示的"装配约束"对话框。

图 5-3-12　"放置"栏　　　图 5-3-13　"装配约束"对话框

（3）在"装配约束"对话框中，"类型"选择"接触对齐"，"选择对象"选择如图 5-3-14 所示的下控制臂中的中心线，再选择如图 5-3-15 所示的车架纵梁中心线，单击"应用"按钮。

图 5-3-14　下控制臂中心线　　　图 5-3-15　车架纵梁中心线

（4）在"装配约束"对话框中，"类型"选择"中心"，"子类型"选择"2 对 2"，"选择对象"选择如图5-3-16所示的下控制臂中的两个对称面,再选择如图5-3-17所示车架纵梁中的两个对称面,单击"确定"按钮,完成圆柱的装配,装配效果图,如图5-3-18所示。

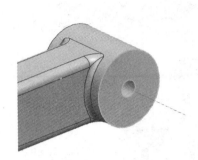

图 5-3-16　下控制臂中的
两个对称面

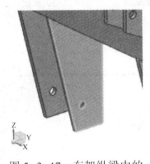

图 5-3-17　车架纵梁中的
两个对称面

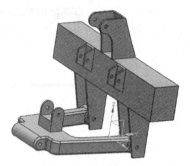

图 5-3-18　装配效果图

5. 添加轮轴中心组件

(1)单击"装配"工具栏中的添加组件按钮 $\blacksquare^+$,弹出如图5-3-19所示的"添加组件"对话框,单击"打开"按钮 ,选择轮轴中心的文件 apd_hub,单击"确定"按钮,弹出如图5-3-20所示的"组件预览"窗口。

图 5-3-19　"添加组件"对话框

图 5-3-20　"组件预览"窗口

(2)在"添加组件"对话框的"放置"栏中选择"通过约束"(见图5-3-21),单击"确定"按钮,弹出如图5-3-22所示的"装配约束"对话框。

图 5-3-21　"放置"栏

图 5-3-22　"装配约束"对话框

（3）在"装配约束"对话框中，"类型"选择"接触对齐"，"选择对象"选择如图 5-3-23 所示轮轴中心的中心线，再选择如图 5-3-24 所示下控制臂的中心线，单击"应用"按钮。

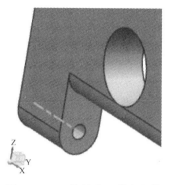
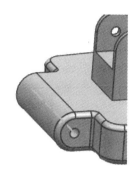

图 5-3-23　轮轴中心的中心线　　　　图 5-3-24　下控制臂的中心线

（4）在"装配约束"对话框中，"类型"选择"中心"，"子类型"选择"2 对 2"，"选择对象"选择如图 5-3-25 所示轮轴中心的两个对称面，再选择如图 5-3-26 所示下控制臂中的两个对称面，单击"确定"按钮，完成圆柱的装配，装配效果图如图 5-3-27 所示。

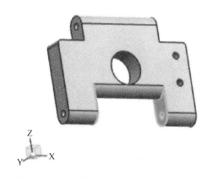
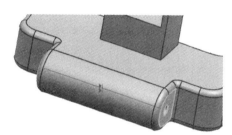

图 5-3-25　轮轴中心的两个对称面　　　　图 5-3-26　下控制臂中的两个对称面

6. 添加上置定位臂组件

（1）单击"装配"工具栏中的添加组件按钮💱，弹出如图 5-3-28 所示的"添加组件"对话框，单击"打开"按钮🖱，选择上置定位臂的文件 📄apd_upper_control_arm，单击"确定"按钮，弹出如图 5-3-29 所示的"组件预览"窗口。

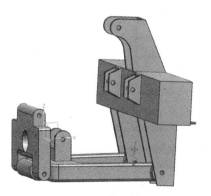

图 5-3-27　装配效果图　　图 5-3-28　"添加组件"对话框　图 5-3-29　"组件预览"窗口

（2）在"添加组件"对话框的"放置"栏中，选择"通过约束"（见图5-3-30），单击"确定"按钮，弹出如图5-3-31所示的"装配约束"对话框。

图5-3-30　"放置"栏　　　　　　　　图5-3-31　"装配约束"对话框

（3）在"装配约束"对话框中，"类型"选择"接触对齐"，"选择对象"选择如图5-3-32所示上置定位臂的中心线，再选择如图5-3-33所示轮轴中心的中心线，单击"应用"按钮。

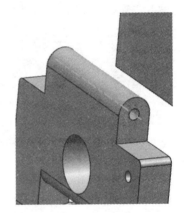

图5-3-32　上置定位臂的中心线　　　　图5-3-33　轮轴中心的中心线

（4）选择如图5-3-34所示上置定位臂的中心线和如图5-3-35所示车架纵梁中心线，单击"应用"按钮。

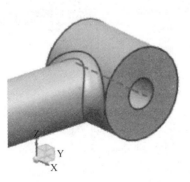
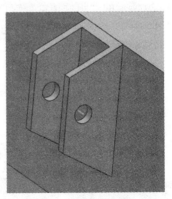

图5-3-34　上置定位臂的中心线　　　　图5-3-35　车架纵梁中心线

（5）在"装配约束"对话框中，"类型"选择"中心"，"子类型"选择"2 对 2"，"选择对象"选择如图 5-3-36 所示上置定位臂的两个对称面，再选择如图 5-3-37 所示车架纵梁的两个对称面，单击"确定"按钮，装配效果图如图 5-3-38 所示。

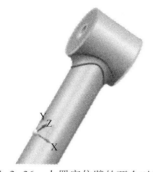
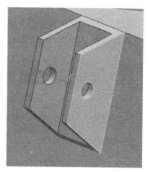

图 5-3-36　上置定位臂的两个对称面　　　图 5-3-37　车架纵梁的两个对称面

（6）重复以上步骤，装配另一条上置定位臂，装配效果图如图 5-3-39 所示。

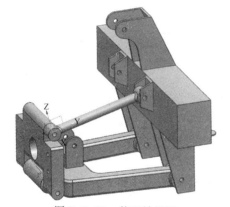
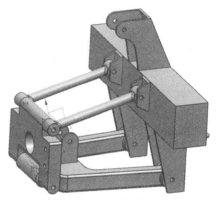

图 5-3-38　装配效果图　　　　　　　　图 5-3-39　装配效果图

7. 添加制动支架组件

（1）单击"装配"工具栏中的添加组件按钮 ，弹出如图 5-3-40 所示"添加组件"对话框，单击"打开"按钮 ，选择制动支架的文件 apd_disk_brake_support ，单击"确定"按钮，弹出如图 5-3-41 所示的"组件预览"窗口。

图 5-3-40　"添加组件"对话框　　　　图 5-3-41　"组件预览"窗口

（2）在"添加组件"对话框的"放置"栏中选择"通过约束"（见图 5-3-42），单击"确定"按钮，弹出如图 5-3-43 所示的"装配约束"对话框。

图 5-3-42　"放置"栏　　　　　图 5-3-43　"装配约束"对话框

（3）在"装配约束"对话框中，"类型"选择"接触对齐"，"选择对象"选择如图 5-3-44 所示制动支架的中心线，再选择如图 5-3-45 所示轮轴中心的中心线，单击"应用"按钮。

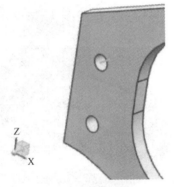

图 5-3-44　制动支架的中心线　　　　　图 5-3-45　轮轴中心的中心线

（4）重复上面操作，选择如图 5-3-46 所示制动支架的中心线，再选择如图 5-3-47 所示轮轴中心的中心线，单击"应用"按钮。

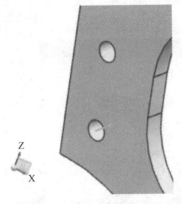

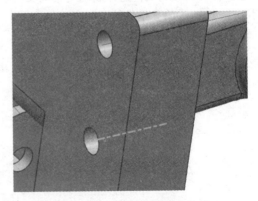

图 5-3-46　制动支架的中心线　　　　　图 5-3-47　轮轴中心的中心线

（5）选择如图 5-3-48 所示制动支架的平面，再选择如图 5-3-49 所示轮轴中心的平面，单击"确定"按钮，完成制动支架的装配，如图 5-3-50 所示。

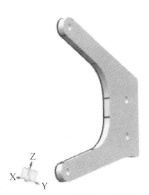
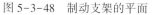

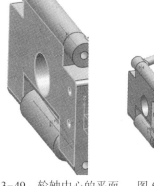
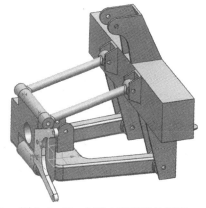

图 5-3-48 制动支架的平面　　　图 5-3-49 轮轴中心的平面　　　图 5-3-50 制动支架装配效果图

8. 添加芯轴盘组件

（1）单击"装配"工具栏中的添加组件按钮 ，弹出如图 5-3-51 所示的"添加组件"对话框，单击"打开"按钮 ，选择芯轴盘的文件 apd_spindle ，单击"确定"按钮，弹出如图 5-3-52 所示的"组件预览"窗口。

图 5-3-51 "添加组件"对话框　　　　图 5-3-52 "组件预览"窗口

（2）在"添加组件"对话框的"放置"栏中，选择"通过约束"（见图 5-3-53），单击"确定"按钮，弹出如图 5-3-54 所示的"装配约束"对话框。

图 5-3-53 "放置"栏　　　　图 5-3-54 "装配约束"对话框

（3）在"装配约束"对话框中，"类型"选择"接触对齐"，"选择对象"选择如图 5-3-55 所示芯轴盘的中心线，再选择如图 5-3-56 所示轮轴中心的中心线，单击"应用"按钮。

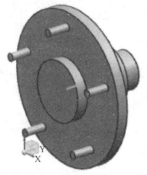

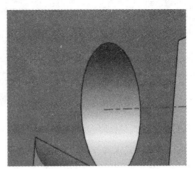

图 5-3-55　芯轴盘的中心线　　　　图 5-3-56　轮轴中心的中心线

（4）选择如图 5-3-57 所示芯轴盘的平面，再选择如图 5-3-58 所示轮轴中心平面，单击"确定"按钮。

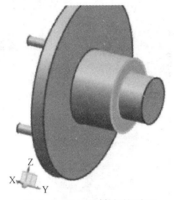

图 5-3-57　芯轴盘的平面　　　　　图 5-3-58　轮轴中心的平面

9. 添加制动盘组件

（1）单击"装配"工具栏中的添加组件按钮 🖲⁺，弹出如图 5-3-59 所示的"添加组件"对话框，单击"打开"按钮 🖉，选择制动盘的文件 🖺apd_rotor，单击"确定"按钮，弹出如图 5-3-60 所示的"组件预览"窗口。

图 5-3-59　"添加组件"对话框　　　图 5-3-60　"组件预览"窗口

（2）在"添加组件"对话框的"放置"栏中选择"通过约束"（见图5-3-61），单击"确定"按钮，弹出如图5-3-62所示的"装配约束"对话框。

图5-3-61 "放置"栏　　　图5-3-62 "装配约束"对话框

（3）在"装配约束"对话框中，"类型"选择"接触对齐"，"选择对象"选择如图5-3-63所示制动盘的中心线，再选择如图5-3-64所示芯轴盘的中心线，单击"应用"按钮。

图5-3-63 制动盘的中心线　　　图5-3-64 芯轴盘的中心线

（4）重复上面操作，选择如图5-3-65所示制动盘小圆孔的中心线，再选择如图5-3-66所示芯轴盘小圆柱的中心线，单击"应用"按钮。

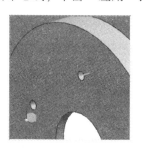

图5-3-65 制动盘小圆孔的中心线　　　图5-3-66 芯轴盘小圆柱的中心线

（5）选择如图5-3-67所示制动盘的平面，再选择如图5-3-68所示轮轴中心的平面，单击"确定"按钮，完成制动支架的装配，如图5-3-69所示。

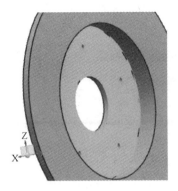  

图 5-3-67　制动盘的平面　　图 5-3-68　轮轴中心的平面　　图 5-3-69　装配效果图

10. 添加制动钳组件

（1）单击"装配"工具栏中的"添加组件"按钮，弹出如图 5-3-70 所示的"添加组件"对话框，单击"打开"按钮，选择制动钳的文件 apd_brake_caliper，单击"确定"按钮，弹出如图 5-3-71 所示的"组件预览"窗口。

图 5-3-70　"添加组件"对话框　　　图 5-3-71　"组件预览"窗口

（2）在"添加组件"对话框的"放置"栏中选择"通过约束"（见图 5-3-72），单击"确定"按钮，弹出如图 5-3-73 所示的"装配约束"对话框。

图 5-3-72　"放置"栏　　　　　图 5-3-73　"装配约束"对话框

（3）在"装配约束"对话框中，"类型"选择"接触对齐"，"选择对象"选择如图 5-3-74 所示制动钳的小圆孔中心线，再选择如图 5-3-75 所示制动支架小圆孔的中心线，单击"应用"按钮。

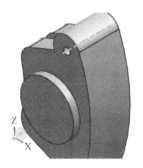 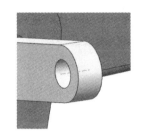

图 5-3-74　制动钳的小圆孔中心线　图 5-3-75　制动支架小圆孔中心线

（4）重复上面操作，选择如图 5-3-76 所示制动钳的小圆孔中心线，再选择如图 5-3-77 所示制动支架的小圆孔的中心线，单击"应用"按钮。

 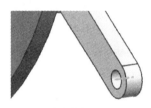

图 5-3-76　制动钳的小圆孔中心线　图 5-3-77　制动支架小圆孔的中心线

（5）在"装配约束"对话框中，"类型"选择"中心"，"子类型"选择"2 对 2"，"选择对象"选择如图 5-3-78 所示制动钳的两个对称面，再选择如图 5-3-79 所示制动盘的两个对称面，单击"确定"按钮，装配效果图参见图 5-3-1。

图 5-3-78　制动钳的两个对称面　图 5-3-79　制动盘的两个对称面

11. 保存装配图

选择"文件" → "保存"命令，完成装配图的保存。

任务考核

任务考核分数以百分制计算，如表 5-3-1 所示。

表 5-3-1　任务考核评价表

装配思路合理（40 分）	装配步骤合理（30 分）	组件配对符合要求（30 分）	总分

任务拓展

根据上述任务装配方法，完成如图 5-3-80 所示的同类型装配设计。

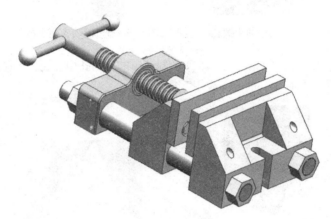

图 5-3-80　同类型装配设计图

任务四　液压件自底向上装配设计

能力目标

- 具备部件装配设计的能力。
- 能正确组装中等复杂装配零件。
- 会判断正确的液压件机械运动关系。

知识目标

- 了解装配的类型，熟悉自底向上装配知识。
- 进一步掌握组件配对约束等知识。
- 掌握建立装配的方法，掌握液压件机械运动的知识。

素质目标

- 培养学生善于观察、思考的习惯。
- 培养学生手动操作的能力。
- 培养学生团队协作、共同解决问题的能力。

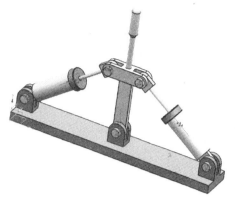

📟 任务导入

根据图 5-4-1 完成液压件自底向上装配设计。

任务分析

本任务是常见的液压结构零件系统，利用自底向上装配设计的知识把已设计好的组件组装起来。同时，本任务左右两边对称，从结构上可理解为采用镜像组件方式完成装配，但是，也要充分考虑到装配完成后组件之间的相对运动关系，因此，要综合应用装配知识完成本任务的装配。

图 5-4-1 液压件效果图

🕹 任务实施

打开 UG NX 10.0 软件，选择"文件"→"新建"（新建名称为 top）→"模型"，单击"确定"按钮，进入 NX 绘图界面，然后选择"应用模块"→"建模"，进入建模设计模块。本任务为液压件自底向上装配设计，效果如图 5-4-1 所示。

1. 打开装配模块及装配工具条

选择"应用模块"按钮，单击"装配"按钮，进入装配模块，如图 5-4-2 所示。本任务所有操作通过装配工具栏中的按钮进行介绍，装配工具栏如图 5-4-3 所示。

图 5-4-2 装配模块

图 5-4-3 装配工具栏

2. 更换背景颜色（此步可不操作）

"文件"→"首选项"命令，弹出如图 5-4-4 所示的"编辑背景"对话框，在"普通颜色"区域中选择白色，"着色视图"中把"渐变"改为"纯色"，单击"确定"按钮，背景颜色即可改为白色。

3. 添加底座组件

（1）单击"装配"工具栏中的"添加组件"按钮🔧，弹出如图 5-4-5 所示的"添加组件"对话框，单击"打开"按钮🗁，选择底座的文件🗃 Plate，单击"确定"按钮，弹出如

图 5-4-4 "编辑背景"对话框

图5-4-6所示的"组件预览"窗口。

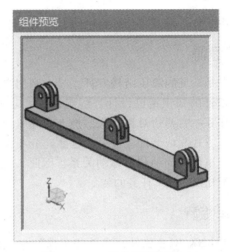

图5-4-5 "添加组件"对话框   图5-4-6 "组件预览"窗口

（2）在"添加组件"对话框的"放置"栏中选择"通过约束"（见图5-4-7），单击"确定"按钮，弹出如图5-4-8所示的"装配约束"对话框和如图5-4-9所示的底座部件。

图5-4-7 "放置"栏

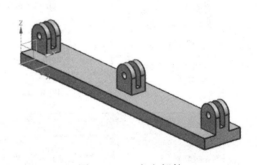

图5-4-8 "装配约束"对话框   图5-4-9 底座部件

（3）在"装配约束"对话框中，"类型"选择"固定"，"选择对象"选择如图5-4-9所示的底座部件，单击"确定"按钮，即可把底座部件的位置固定下来。

4. 添加圆柱组件

（1）单击"装配"工具栏中的添加组件按钮，弹出如图5-4-10所示的"添加组件"对话框，单击"打开"按钮，选择圆柱的文件，单击"确定"按钮，弹出如图5-4-11所示的"组件预览"窗口。

（2）在"添加组件"对话框的"放置"栏中选择"通过约束"（见图5-4-12），单击"确定"按钮，弹出如图5-4-13所示的"装配约束"对话框。

图 5-4-10　"添加组件"对话框

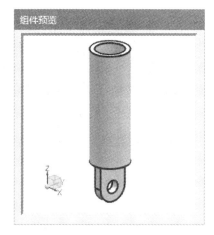

图 5-4-11　"组件预览"窗口

图 5-4-12　"放置"栏

图 5-4-13　"装配约束"对话框

（3）在"装配约束"对话框中，"类型"选择"接触对齐"，"选择对象"选择如图 5-4-14 所示底座部件的中心线，再选择如图 5-4-15 所示的圆柱部件的中心线，单击"应用"按钮。

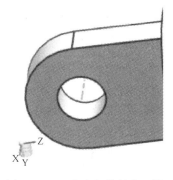

图 5-4-14　底座部件的中心线

图 5-4-15　圆柱部件的中心线

（4）在"装配约束"对话框中，"类型"选择"中心"，"子类型"选择"2 对 2"，"选择对象"选择如图 5-4-16 所示底座部件的两个对称面，再选择如图 5-4-17 所示圆柱部件的两个对称面，单击"确定"按钮，完成圆柱的装配，装配效果图如图 5-4-18 所示。

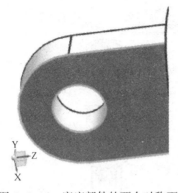

图 5-4-16　底座部件的两个对称面　　　　图 5-4-17　圆柱部件的两个对称面

（5）重复以上步骤，装配另一侧圆柱组件，组装效果图，如图 5-4-19 所示。

图 5-4-18　装配效果图　　　　图 5-4-19　组装效果图

5. 添加活塞棒组件

（1）单击"装配"工具栏中的添加组件按钮🖰⁺，弹出如图 5-4-20 所示的"添加组件"对话框，单击"打开"按钮🖿，选择活塞棒的文件🖾Bar，单击"确定"按钮，弹出如图 5-4-21 所示的"组件预览"窗口。

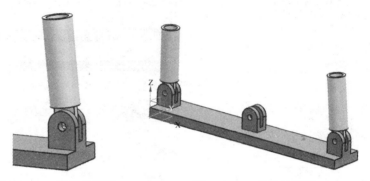

图 5-4-20　"添加组件"对话框　　　　图 5-4-21　"组件预览"窗口

（2）在"添加组件"对话框的"放置"栏中选择"通过约束"（见图 5-4-22），单击"确定"按钮，弹出如图 5-4-23 所示的"装配约束"对话框。

图 5-4-22 "放置"栏

图 5-4-23 "装配约束"对话框

（3）在"装配约束"对话框中，"类型"选择"接触对齐"，"选择对象"选择如图 5-4-24 所示活塞棒的中心线，再选择如图 5-4-25 所示圆柱的中心线，单击"确定"按钮，工作界面出现如图 5-4-26 所示的装配效果图。

图 5-4-24 活塞棒的中心线

图 5-4-25 圆柱的中心线

（4）从图 5-4-26 中可以看出"活塞棒"装配反了，单击"装配"工具栏中的"移动组件"按钮，弹出如图 5-4-27 所示的"移动组件"对话框，"选择组件"为如图 5-4-28 所示的活塞棒，单击"指定方位"，弹出如图 5-4-29 所示的移动手柄。

图 5-4-26 装配效果图

图 5-4-27 "移动组件"对话框

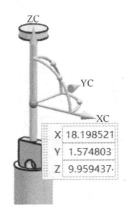

图 5-4-28 活塞棒   图 5-4-29 移动手柄

（5）顺着 X-Z 轴方向旋转 180°，如图 5-4-30 所示把活塞棒方位旋正。

（6）顺着 X-Z 轴方向旋转一定角度，如图 5-4-31 所示，改变活塞棒的适当角度，方便后面装配，单击"确定"按钮，完成活塞棒旋转操作，装配效果图如图 5-4-32 所示。

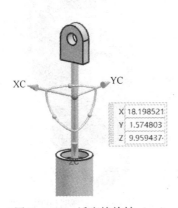

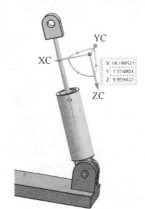

图 5-4-30 活塞棒旋转（一）   图 5-4-31 活塞棒旋转（二）

（7）重复以上步骤，装配另一侧圆柱组件，装配效果图如图 5-4-33 所示。

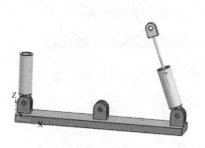

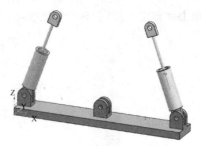

图 5-4-32 装配效果图（一）   图 5-4-33 装配效果图（二）

6. 添加活塞盖组件

（1）单击"装配"工具栏中的添加组件按钮，弹出如图 5-4-34 所示的"添加组件"对话框，单击"打开"按钮，选择活塞盖的文件，单击"确定"按钮，弹出如图 5-4-35 所示的"组件预览"窗口。

图 5-4-34　"添加组件"对话框　　　　图 5-4-35　"组件预览"窗口

（2）在"添加组件"对话框的"放置"栏中，选择"通过约束"（见图 5-4-36），单击"确定"按钮，弹出如图 5-4-37 所示的"装配约束"对话框。

图 5-4-36　"放置"栏　　　　图 5-4-37　"装配约束"对话框

（3）在"装配约束"对话框中，"类型"选择"接触对齐"，"选择对象"选择如图 5-4-38 所示活塞盖的中心线，再选择如图 5-4-39 所示圆柱的中心线，单击"应用"按钮，然后再选择如图 5-4-40 所示活塞盖中的平面和如图 5-4-41 所示圆柱的端面，单击"确定"按钮，工作界面出现如图 5-4-42 所示的装配图。

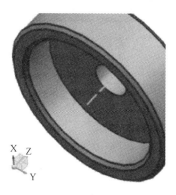

图 5-4-38　活塞盖的中心线　　　　图 5-4-39　圆柱的中心线

（4）重复上述步骤，装配另一边的活塞盖，装配效果图如图 5-4-43 所示。

图 5-4-40　活塞盖平面

图 5-4-41　圆柱的端面

图 5-4-42　装配效果图（一）

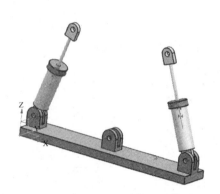

图 5-4-43　装配效果图（二）

7. 添加操纵杆组件

（1）单击"装配"工具栏中的添加组件按钮，弹出如图 5-4-44 所示的"添加组件"对话框，单击"打开"按钮，选择操纵杆的文件 Lever，单击"确定"按钮，弹出如图 5-4-45 所示的"组件预览"窗口。

图 5-4-44　"添加组件"对话框

图 5-4-45　"组件预览"窗口

（2）在"添加组件"对话框的"放置"栏中选择"通过约束"（见图 5-4-46），单击"确定"按钮，弹出如图 5-4-47 所示的"装配约束"对话框。

图 5-4-46 "放置"栏　　　　图 5-4-47 "装配约束"对话框

（3）在"装配约束"对话框中，"类型"选择"接触对齐"，"选择对象"选择如图 5-4-48 所示操纵杆的中心线，再选择如图 5-4-49 所示底座的中心线，单击"应用"按钮。

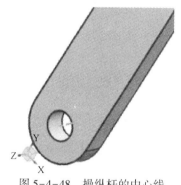

图 5-4-48 操纵杆的中心线　　　　图 5-4-49 底座的中心线

（4）在"装配约束"对话框中，"类型"选择"中心"，"子类型"选择"2 对 2"，"选择对象"选择如图 5-4-50 所示操纵杆的两个对称面和如图 5-4-51 所示底座的两个对称面，单击"确定"按钮，工作界面出现如图 5-4-52 所示的装配图。

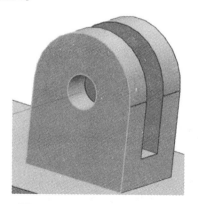

图 5-4-50 操纵杆的两个对称面　　　　图 5-4-51 底座的两个对称面

（5）从图 5-4-52 中可以看出"操纵杆"装配反了，单击"装配"工具栏中的"移动组件"按钮，弹出如图 5-4-53 所示的"移动组件"对话框，"选择组件"为如图 5-4-54 所示的操纵杆，单击"指定方位"，弹出如图 5-4-55 所示的移动手柄。

图 5-4-52　装配图

图 5-4-53　"移动组件"对话框

图 5-4-54　操纵杆

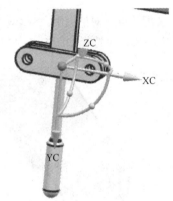

图 5-4-55　移动手柄

（6）顺着 X-Y 轴方向旋转 180°，将图 5-4-56 所示的中把操纵杆方位旋正。单击"确定"按钮完成操纵杆的旋转操作。

8. 约束活塞杆与操纵杆的位置

（1）单击"装配"工具栏中的"装配约束"按钮，弹出如图 5-4-57 所示的"装配约束"对话框。

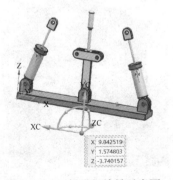

图 5-4-56　操纵杆旋转示意图

图 5-4-57　"装配约束"对话框

（2）在"类型"中选择"接触对齐"，"选择对象"选择如图 5-4-58 所示操纵杆的中心线，再选择如图 5-4-59 所示活塞杆的中心线，单击"确定"按钮，完成约束，如图 5-4-60 所示。

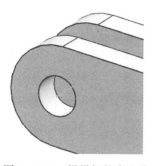

图 5-4-58　操纵杆的中心线　　　　图 5-4-59　活塞杆的中心线

（3）重复以上步骤，约束右边操纵杆和活塞杆的位置，约束效果图如图 5-4-61 所示。

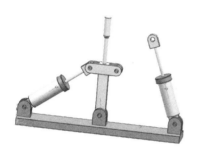
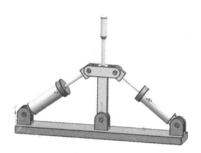

图 5-4-60　完成约束示意图　　　　图 5-4-61　约束效果图

9. 添加螺栓组件

（1）单击"装配"工具栏中的添加组件按钮 ，弹出如图 5-4-62 所示的"添加组件"对话框，单击"打开"按钮 ，选择螺栓的文件 Bolt，单击"确定"按钮，弹出如图 5-4-63 所示的"组件预览"窗口。

图 5-4-62　"添加组件"对话框　　　　图 5-4-63　"组件预览"窗口

（2）在"添加组件"对话框的"放置"栏中选择"通过约束"（见图 5-4-64），单击"确定"按钮，弹出如图 5-4-65 所示的"装配约束"对话框。

图 5-4-64 "放置"栏　　　　　图 5-4-65 "装配约束"对话框

（3）在"装配约束"对话框中，"类型"选择"接触对齐"，"选择对象"选择如图 5-4-66 所示螺栓的中心线，再选择如图 5-4-67 所示的底座中心线，单击"应用"按钮。

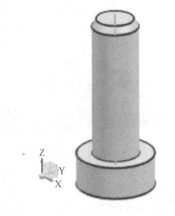

图 5-4-66 螺栓中心线　　　　　图 5-4-67 底座中心线

（4）选择如图 5-4-68 所示螺栓的面和如图 5-4-69 所示底座的面，单击"确定"按钮，工作界面出现如图 5-4-70 所示的装配图。

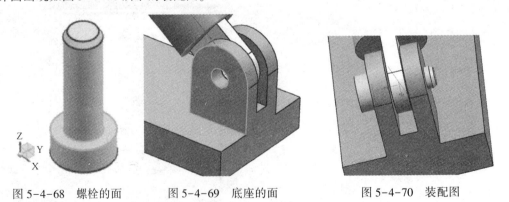

图 5-4-68 螺栓的面　　　　图 5-4-69 底座的面　　　　图 5-4-70 装配图

（5）重复以上步骤，约束所有螺栓的装配，约束效果图参见图 5-4-1。

10. 保存装配图

选择"文件"→"保存"命令，保存完成的装配图。

任务考核

任务考核分数以百分制计算，如表 5-4-1 所示。

表 5-4-1 任务考核评价表

装配思路合理（40 分）	装配步骤合理（30 分）	组件配对符合要求（30 分）	总分

任务拓展

根据上述任务装配方法，完成如图 5-4-71 所示的同类型装配设计。

图 5-4-71 同类型装配设计图

任务五 盒子自顶向下装配设计

能力目标

● 具备自顶向下装配设计的能力。
● 能正确进行组件间的链接。
● 会设计及创建爆炸图。

知识目标

● 了解装配的类型，熟悉自顶向下装配知识。
● 掌握 WAVE 几何链接及引用集的知识。
● 掌握创建爆炸图的方法。

素质目标

● 培养学生善于观察、思考的习惯。
● 培养学生手动操作的能力。
● 培养学生团队协作、共同解决问题的能力。

图 5-5-1　盒子装配效果图

任务导入

根据图 5-5-1 完成盒子自顶向下装配设计。

任务分析

本任务进行盒子自顶向下装配设计，与前面的装配方法不同，没有已设计好的组件，而是根据开发设计的设想，建立顶层装配结构，然后应用 wave 进行几何连接，在不同组件间进行关联复制，最后形成简易的爆炸图。

任务实施

1. 打开装配模块及装配工具栏

选择"应用模块"，单击"装配"按钮，进入装配模块，如图 5-5-2 所示。本任务所有操作通过装配工具栏中的按钮进行介绍，装配工具栏如图 5-5-3 所示。

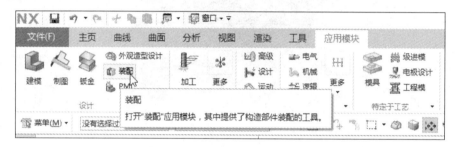

图 5-5-2　装配模块

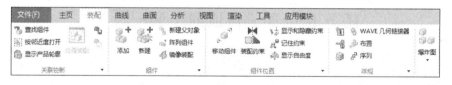

图 5-5-3　装配工具栏

2. 创建自顶向下装配设计的结构

（1）创建文件夹。在 D 盘创建 box 文件夹，并将后续所建的 UG 文件放在些文件夹中，以保证路径一致。

（2）创建总装配。打开 UG NX 10.0 软件，选择"文件"→"新建"（新建名称为 assm，路径存放在上述文件夹中）→"模型"，单击"确定"按钮，进入 NX 绘图界面，然后选择"应用模块"→"建模"，进入建模设计模块。

（3）创建子部件。单击"装配"工具栏中的"新建"按钮 ，弹出"新建"对话框，在"名称"文本框输入 top，其他默认，单击两次"确定"按钮，即可新建 top 子部件。

（4）同理，建立 bootom 和 ctrl 两个子部件，至此，完成自顶向下装配设计的结构，结果如图 5-5-4 所示。（在软件左边装配导航器即可查看）

3. 设计 ctrl 组件

（1）ctrl 组件转换为显示部件。在装配导航器选择 ctrl 组件后右击，选择"设为显示部件"

命令，进行 ctrl 组件设计，如图 5-5-5 所示。

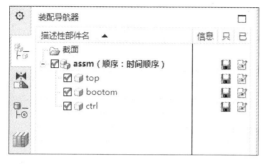

图 5-5-4 装配导航器自顶向下装配设计的结构

图 5-5-5 ctrl 组件转换为显示部件

（2）绘制草图。选择菜单栏中的"插入"→"在任务环境中绘制草图"（或选择菜单栏中的"主页"，在功能区选择"草图"）命令，选择 X-Y 平面作为草图平面，绘制如图 5-5-6 所示的草图曲线，完成后退出草图界面。（绘制 1/4 镜像即可）

（3）在装配导航器选择 ctrl 组件后右击，选择"显示父项"→ assm 命令（见图 5-5-7），回到总装配图。然后，右击 assm，选择"设为工作部件"，即可把总装激活，如图 5-5-8 所示。

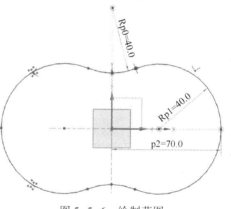

图 5-5-6 绘制草图

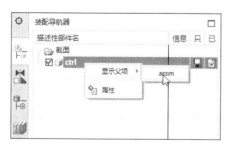

图 5-5-7 回到总装配图

图 5-5-8 将总装配设为工作部件

（4）ctrl 组件引用集使用。在装配导航器选择 ctrl 组件后右击，选择"替换引用集"→"整个部件"命令，如图 5-5-9 所示。

4. 设计 top 组件

（1）在装配导航器选择 top 组件后右击，选择"设为工作部件"命令，如图 5-5-10 所示。

图 5-5-9　使用引用集

图 5-5-10　将 top 设为工作部件

（2）在装配工具栏单击"WAVE 几何链接器"按钮 ⬚ ⬚ WAVE 几何链接器，选择图 5-5-11 中的草图，即可将 ctrl 组件中的草图复制至 top 组件中。

（3）右击装配导航器中的 top 组件，选择"设为显示部件"命令，如图 5-5-12 所示。

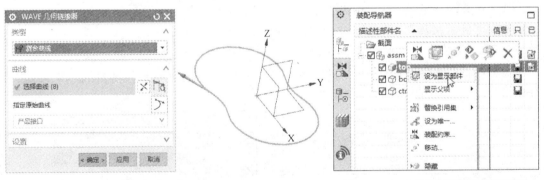

图 5-5-11　WAVE 几何链接　　　　　图 5-5-12　top 组件转换为显示部件

（4）单击工具栏中的 ⬚ 按钮或选择"插入"→"设计特征"→"拉伸"命令，弹出"拉伸"对话框，利用该对话框对上述链接曲线进行拉伸操作。设置拉伸开始距离为 0，结束距离为 25，方向默认，拔模角度为 5°，如图 5-5-13 所示。

（5）单击边倒圆按钮 ⬚ 或选择"插入"→"细节特征"→"边倒圆"命令，弹出"边倒圆"对话框。利用该对话框可以进行顶边倒圆操作，设置倒圆半径为 10，如图 5-5-14 所示。

（6）选择"插入"→"偏转/缩放"→"抽壳"命令，弹出如图 5-5-15 所示的"抽壳"对话框。选择底面，利用该对话框可以生成壳，抽壳厚度设为 2。

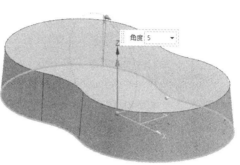

图 5-5-13　拉伸上壳

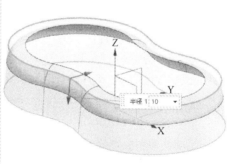

图 5-5-14　创建边倒圆

图 5-5-15　抽壳

（7）拉伸定位边。单击工具栏中的 ▦ 按钮或选择"插入"→"设计特征"→"拉伸"命令，弹出"拉伸"对话框，选择抽壳后的内边线串，设置拉伸开始距离为 0，结束距离为 2，方向默认；设置偏置为单侧，距离为 1，"布尔"为"求差"，如图 5-5-16 所示。

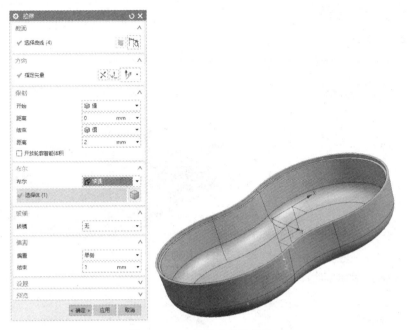

图 5-5-16　拉伸上壳定位边

（8）在装配导航器选择 top 组件后右击，选择"显示父项"→assm 命令（见图 5-5-17），回到总装配图。然后，右击 assm，选择"设为工作部件"命令，即可把总装配图激活，如图 5-5-18 所示。完成后即可对 top 组件进行隐藏，如图 5-5-19 所示。

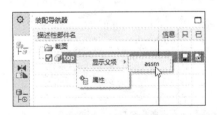

图 5-5-17　回到总装配图

图 5-5-18　总装配图设为工作部件

5. 设计 bottom 组件（原理与 top 一致）

（1）在装配导航器选择 bottom 组件后右击，选择"设为工作部件"命令，如图 5-5-20 所示。

图 5-5-19　隐藏 top 组件

图 5-5-20　将 bottom 组件设为工作部件

（2）在装配工具栏单击"WAVE 几何链接器"按钮　　WAVE 几何链接器，选择图 5-5-21 中的草图，即可将 ctrl 组件中的草图复制至 bottom 组件中。

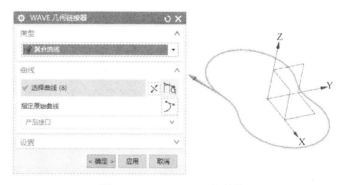

图 5-5-21　WAVE 几何链接

（3）在装配导航器选择 bottom 组件后右击，选择"设为显示部件"命令，如图 5-5-22 所示。

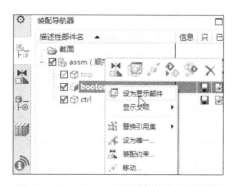

图 5-5-22　bottom 组件转换为显示部件

（4）单击工具栏中的　　按钮或选择"插入"→"设计特征"→"拉伸"命令，弹出"拉伸"对话框，利用该对话框对上述链接曲线进行拉伸操作。设置拉伸开始距离为 0，结束距离为 25，方向默认反向，拔模角度设为 5°，如图 5-5-23 所示。（切记方向与 top 不同，为反向）

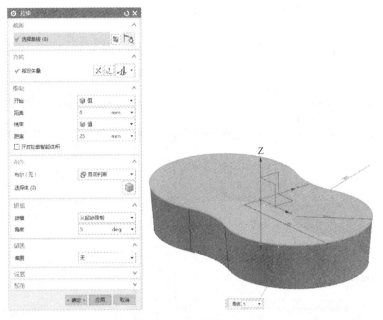

图 5-5-23　拉伸上壳

（5）单击边倒圆按钮 或选择"插入"→"细节特征"→"边倒圆"命令，弹出"边倒圆"对话框。利用该对话框可以进行底边倒圆操作，倒圆半径设为 10，如图 5-5-24 所示。

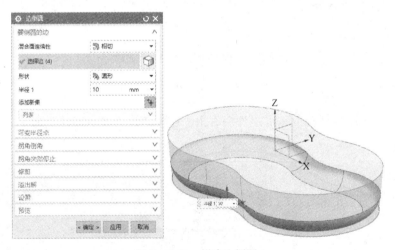

图 5-5-24　创建边倒圆

（6）选择"插入"→"偏转/缩放"→"抽壳"命令，弹出"抽壳"对话框，如图 5-5-25 所示，选择底面，利用该对话框可以生成壳，抽壳厚度设为 2。

（7）拉伸定位边。单击工具栏中的 按钮或选择"插入"→"设计特征"→"拉伸"命令，弹出"拉伸"对话框，选择抽壳后的内边线串，设置拉伸开始距离为 0，结束距离为 2，方向默认，偏置设为两侧，开始为 0，结束为 1"布尔"为"求差"，如图 5-5-26 所示。

（8）设计底壳内形状草图。选择"菜单"→"插入"→"在任务环境中绘制草图"（或选择菜单栏中的"主页"，在功能区选择"草图"）命令，选择 X-Y 平面作为草图平面，绘制如图 5-5-27 所示的草图曲线，完成后退出草图界面。（形状不限，目的与上壳有区分）

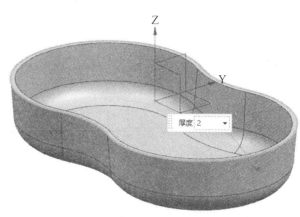

图 5-5-25　抽壳

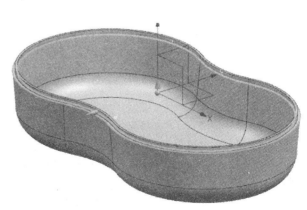

图 5-5-26　拉伸上壳定位边

（9）单击工具栏中的 按钮或选择 "插入" ➝ "设计特征" ➝ "拉伸" 命令，弹出 "拉伸" 对话框，选择抽壳后的内边线串，设置拉伸开始距离为 -50，结束距离为 10，方向默认（不对可反向），"布尔" 为 "求差"，如图 5-5-28 所示，结果如图 5-5-29 所示。

（10）在装配导航器选择 bottom 组件后右击，选择 "显示父项" ➝ assm 命令，回到总装配图，如图 5-5-30 所示。右击 assm，选择"设为工作部件"命令（见图 5-5-31），即可把总装配图激活。同时，显示出 top 组件，如图 5-5-32 所示。

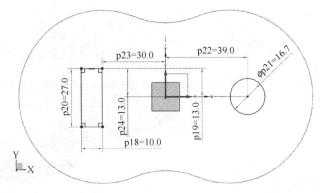

图 5-5-27　设计草图

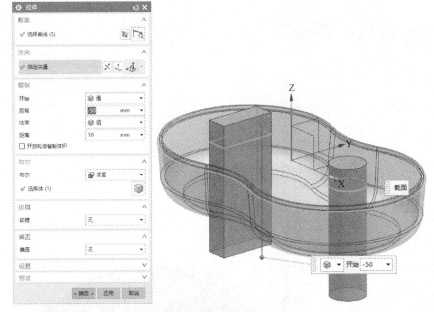

图 5-5-28　创建拉伸体

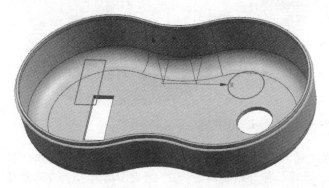

图 5-5-29　下壳形状

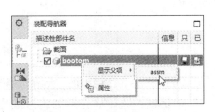

图 5-5-30　回到总装配图

图 5-5-31　总装配设为工作部件

图 5-5-32　top 显示

（11）选择菜单栏中的"格式"→"图层设置"命令，弹出"图层设置"对话框，关闭 61 层，如图 5-5-33 所示，并将 top 及 bottom 组件引用集设计为 MODEL，如图 5-5-34 所示。

图 5-5-33　关闭 61 层

图 5-5-34　引用集设计 MODEL

（12）完成后即可对 ctrl 组件进行隐藏，如图 5-5-35 所示。

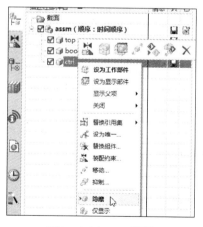

图 5-5-35　ctrl 隐藏

6. 爆炸视图设计

（1）在装配工具栏单击爆炸图按钮👥👥，选择"新建爆炸图"（见图5-5-36），弹出"新建爆炸图"对话框，单击"确定"按钮，如图5-5-37所示。

图5-5-36 新建爆炸图按钮

图5-5-37 "新建爆炸图"对话框

（2）在装配工具栏单击爆炸图按钮👥👥，选择"编辑爆炸图"，如图5-5-38所示，弹出"编辑爆炸图"对话框，如图5-5-39所示。选择上壳，选中"移动对象"单选按钮，变成动态坐标系，分别移动和旋转成一定距离及角度，单击"确定"按钮完成爆炸图设计，最终结果参见图5-5-40。

图5-5-38 编辑爆炸图按钮

图5-5-39 "编辑爆炸图"对话框

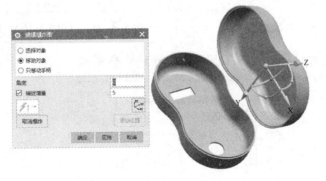

图5-5-40 设置爆炸图

7. 保存装配图

选择"文件"→"保存"命令，完成装配图的保存。

📖 任务考核

任务考核分数以百分制计算，如表5-5-1所示。

表 5-5-1 任务考核评价表

装配思路合理（40 分）	装配步骤合理（30 分）	组件配对符合要求（30 分）	总　分

任务拓展

根据上述任务装配方法，完成如图 5-5-41 所示的同类型装配设计。参照图构建零件模型，并使用装配约束安装到位，注意原点坐标方位。单位为 mm，A = 60，B = 20，C = 20，D = 32°。

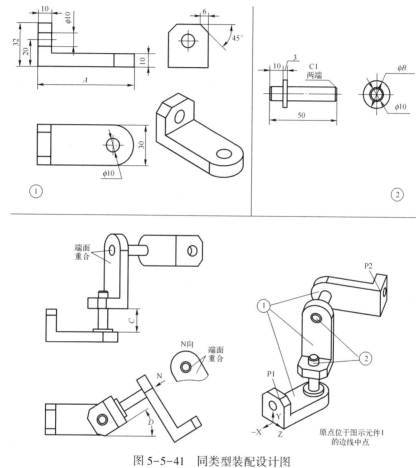

图 5-5-41 同类型装配设计图

项目六　工程图设计

本项目主要讲解常见产品工程图的设计方法，三维产品设计完成都需要进行二维工程图的设计。本项目通过4个任务讲解，每个任务的设计都有各自的特点，知识点较多。希望大家能举一反三，能够对同类型结构零件进行拓展。具体安排如下：

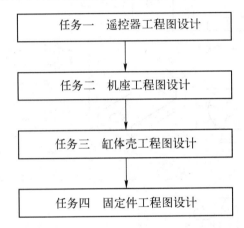

任务一　遥控器工程图设计

能力目标
- 具备遥控器工程图设计的能力。
- 能正确分析设计思路，对同类型零件工程图进行设计。
- 会初步判断建模顺序，并合理安排设计过程。

知识目标
- 了解常见工程图的设计方法，熟悉机械零件工程图设计知识。
- 掌握工程图的标注方法、剖视图的标注等知识。
- 掌握零件工程图的设计要点。

素质目标
- 培养学生善于观察、思考的习惯。
- 培养学生手动操作的能力。
- 培养学生团队协作、共同解决问题的能力。

任务导入

根据图6-1-1完成遥控器工程图的设计。

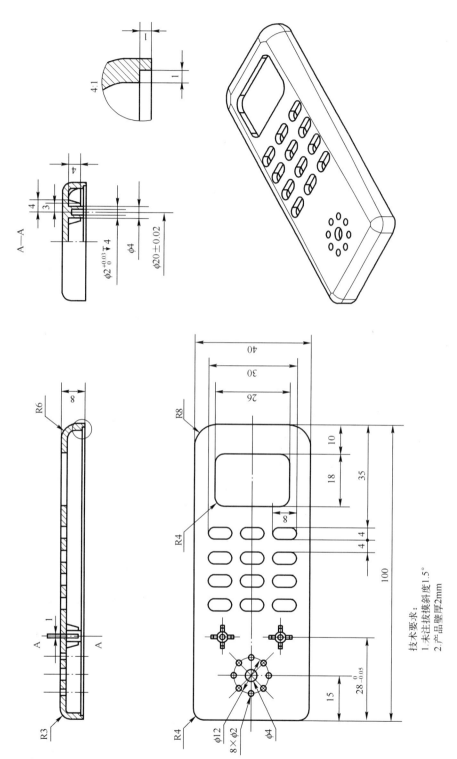

图6-1-1 遥控器工程图

技术要求:
1.未注拔模斜度1.5°
2.产品壁厚2mm

任务分析

遥控器工程图是由主视图、俯视图、左视图及空间视图组成，通过对 3 个视图及技术要求的设计来完成整个遥控器工程图的设计。本任务设计过程中，要充分考虑视图的分布、技术要求等。

任务实施

打开 UG NX 10.0 软件，选择"文件"→"打开"命令，打开 6.1. prt 文件，进入 NX 绘图界面，本任务讲解遥控器工程图设计。

1. 打开装配模块及装配工具栏

选择"应用模块"，单击"制图"，进入制图模块，如图 6-1-2 所示。本任务所有操作通过制图工具栏中的按钮进行介绍，制图工具栏如图 6-1-3 所示。

图 6-1-2　制图模块

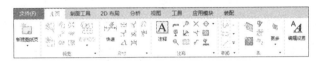

图 6-1-3　制图工具栏

2. 新建图纸页及第一角投影

单击"制图"工具栏中"新建图纸页"按钮，弹出如图 6-1-4 所示的"图纸页"对话框，选中"标准尺寸"单选按钮，设置图纸大小为 A4-210×297，在"设置"的视角中选择"第一角投影"，单击"确定"按钮，弹出如图 6-1-5 所示的"视图创建向导"对话框，单击"取消"按钮，即可完成图纸页的创建。

图 6-1-4　"图纸页"对话框

图 6-1-5　"视图创建向导"对话框

3. 更改背景颜色

选择"首选项"→"可视化"命令，弹出如图6-1-6所示的"可视化首选项"对话框，单击"图纸部件设置"中的"背景"区域，弹出如图6-1-7所示"颜色"对话框，在"收藏夹"中选择白色，单击"确定"按钮，系统自动回到如图6-1-6所示的"可视化首选项"对话框，单击"确定"按钮，系统背景颜色自动由默认的灰色变成白色。（同时，右击"部件导航器"中的"图纸"，自动选中"单色"）

图6-1-6 "可视化首选项"对话框

图6-1-7 "颜色"对话框

4. 创建视图

（1）单击"制图"工具栏中"基本视图"按钮，弹出如图6-1-8所示的"基本视图"对话框，"模型视图"选择"俯视图"，把俯视图移至图纸中适当位置，单击，图纸中出现如图6-1-9所示的俯视图，单击"关闭"按钮，完成俯视图的创建。（图中中心线符号不进行介绍）

图6-1-8 "基本视图"对话框

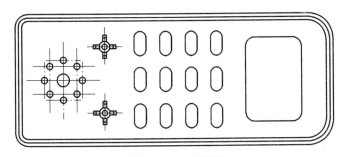

图6-1-9 俯视图

（2）单击"制图"工具栏中的"剖视图"按钮，弹出如图6-1-10所示的"剖视图"对话框，"方法"选择"简单剖"，在俯视图中选择要剖的位置（选取 φ4 圆心或边线中点即可），将鼠标移到俯视图下面，单击，图纸中出现如图6-1-11所示主视图的剖视图，单击"关闭"按钮，完成主视图的剖视图创建。（将剖切符号隐藏即可）

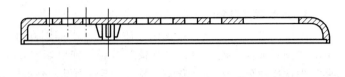

图 6-1-10　"剖视图"对话框　　　　　　　图 6-1-11　剖视图

（3）单击"制图"工具栏中的"基本视图"按钮，弹出如图 6-1-12 所示的"基本视图"对话框，"模型视图"选择左视图，把左视图移至图纸中适当位置，单击图纸中出现如图 6-1-12所示的左视图，单击"关闭"按钮，完成俯视图的创建。

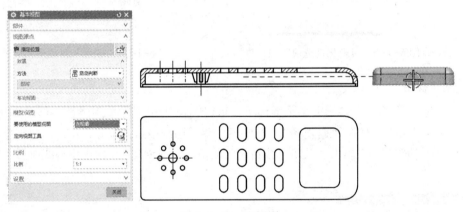

图 6-1-12　左视图

（4）生成左视图局部剖视图的草图线。右击左视图，选择"活动草图视图"（见图 6-1-13），然后绘制矩形草图（草图左边为图形中心位置线），如图 6-1-14 所示，完成后退出草图。

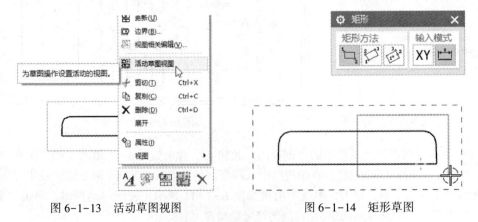

图 6-1-13　活动草图视图　　　　　　图 6-1-14　矩形草图

（5）生成左视图的局部剖视图。单击"制图"工具栏中的"局部剖视图"按钮，弹出如图 6-1-15 所示的"局部剖视图"对话框，类型设为"创建"，"选择视图"为左视图，"指出基点"为俯视图 $\phi 4$ 圆心，"指出拉伸矢量"为默认，"选择曲线"分别选择刚才绘制的矩形 4 条线（依次 4 条都选上），最后单击"应用"按钮，即可生成局部剖视图，如图 6-1-16 所示。

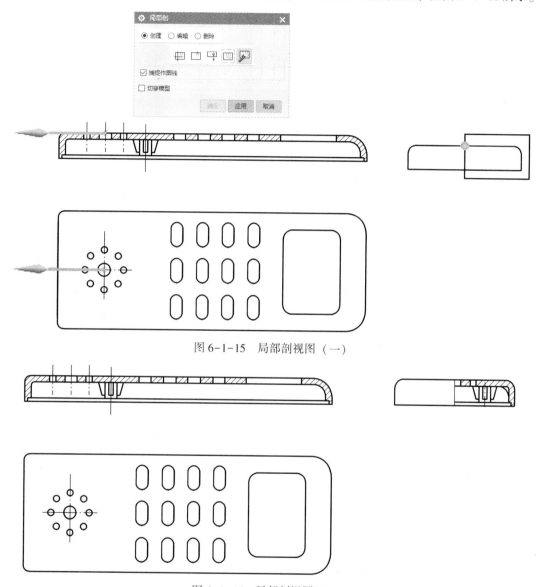

图 6-1-15 局部剖视图（一）

图 6-1-16 局部剖视图（二）

（6）局部放大视图。单击"制图"工具栏中的"局部放大视图"按钮，弹出如图 6-1-17 所示的"局部放大视图"对话框，选择主视图定位边界为圆心点，绘制比率为 4∶1，生成局部放大视图，如图 6-1-17 所示。（将不显示部分隐藏即可）

（7）生成正三轴视图。单击"制图"工具栏中的"基本视图"按钮，弹出如图 6-1-18 所示"基本视图"对话框，"模型视图"选择正三轴视图，把视图移至图纸中适当位置，单击，图纸中出现如图 6-1-18 所示的正三轴视图，单击"关闭"按钮，完成正三轴视图的创建。

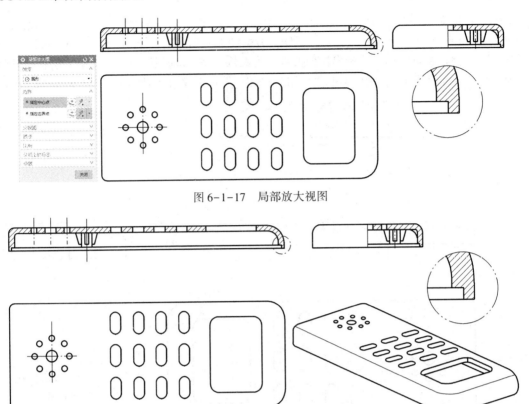

图 6-1-17　局部放大视图

图 6-1-18　正三轴视图

5. 标注尺寸

（1）单击"尺寸"工具栏中的"快速尺寸"按钮 ，弹出如图 6-1-19 所示的"快速尺寸"对话框，利用该对话框进行尺寸的标注。选择对象为要标注的线段的两个端点，界面出现该线段的尺寸，然后移动鼠标，把尺寸移到适当的位置单击，以完成尺寸标注。

（2）单击"尺寸"工具栏中的"快速尺寸"下拉按钮，选择"径向尺寸"，弹出如图 6-1-20 所示的"半径尺寸"对话框，利用该对话框进行尺寸的标注。选择需要标注的地方进行标注，标注完成之后单击"关闭"按钮。

图 6-1-19　"快速尺寸"对话框

图 6-1-20　"半径尺寸"对话框

（3）重复用以上方法把需要标注的尺寸标注完。图 6-1-21 所示为主视图的标注示意图，图 6-1-22 所示为左视图的标注示意图，图 6-1-23 所示为俯视图的标注示意图。

（具体标注参考工程图，这里不一一介绍）

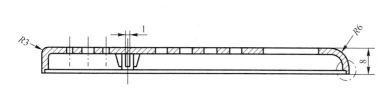

图 6-1-21　主视图的标注示意图

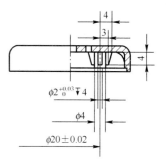

图 6-1-22　左视图的
标注示意图

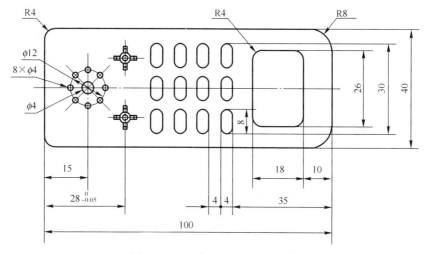

图 6-1-23　俯视图的标注示意图

6. 导出图纸

选择菜单栏中的"文件"→"导出"→"JPEG"，单击"浏览"按钮选择存放的路径，单击"确定"按钮，完成图纸的导出。

任务考核

任务考核分数以百分制计算，如表 6-1-1 所示。

表 6-1-1　任务考核评价表

设计思路合理（40 分）	设计步骤合理（30 分）	各个尺寸符合要求（30 分）	总　　分

任务拓展

根据上述任务设计的方法及思路，完成如图 6-1-24 所示的同类型结构设计。

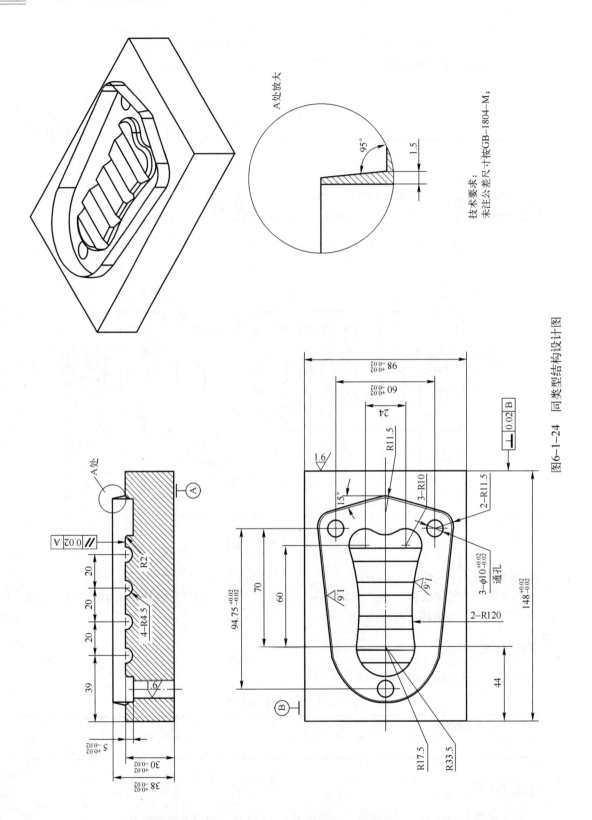

技术要求：
未注公差尺寸按GB-1804-M；

A处放大

图6-1-24 同类型结构设计图

任务二　机座工程图设计

能力目标

- 具备机座工程图设计的能力。
- 能正确分析设计思路，对同类型零件工程图进行设计。
- 会初步判断建模顺序，并合理安排设计过程。

知识目标

- 了解常见工程图的设计方法，熟悉机械零件工程图设计的知识。
- 掌握机座工程图的标注方法、剖视图的标注等知识。
- 掌握零件工程图的设计要点。

素质目标

- 培养学生善于观察、思考的习惯。
- 培养学生手动操作的能力。
- 培养学生团队协作、共同解决问题的能力。

任务导入

根据图 6-2-1 完成机座工程图的设计。

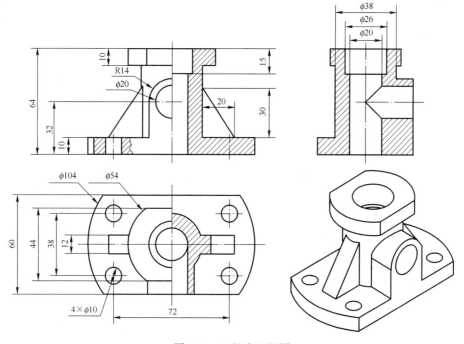

图 6-2-1　机座工程图

任务分析

机座工程图是由主视图、俯视图、左视图及空间视图组成，重点是剖视图的表达，通过对 3

个视图及技术要求的设计来完成整个机座工程图的设计。本任务设计过程中，要充分考虑视图的分布、技术要求等。

任务实施

打开 UG NX 10.0 软件，选择"文件"→"打开"命令，打开 6.2.prt 文件，进入 NX 绘图界面，本任务讲解遥控器工程图设计。

1. 打开装配模块及装配工具栏

选择"应用模块"，单击"制图"按钮，进入制图模块，如图 6-2-2 所示。本任务所有操作通过制图工具栏中的按钮进行介绍，制图工具栏如图 6-2-3 所示。

图 6-2-2　制图模块

图 6-2-3　制图工具栏

2. 新建图纸页及第一角投影

单击"制图"工具栏中"新建图纸页"按钮，弹出如图 6-2-4 所示的"图纸页"对话框，选择"标准尺寸"，图纸大小设为 A4-210×297，在"设置"的视角中选择"第一角投影"，单击"确定"按钮，弹出如图 6-2-5 所示的"视图创建向导"对话框，单击"取消"按钮，即可完成图纸页的创建。

图 6-2-4　"图纸页"对话框

图 6-2-5　"视图创建向导"对话框

3. 更改背景颜色

选择菜单栏中的"首选项"→"可视化"命令，弹出如图 6-2-6 所示的"可视化首选项"

对话框，单击"图纸部件设置"中的"背景"区域，弹出如图 6-2-7 所示的"颜色"对话框，在"收藏夹"中选择白色，单击"确定"按钮，回到如图 6-2-6 所示的"可视化首选项"对话框，单击"确定"按钮，系统背景颜色自动由默认的灰色变成白色。

图 6-2-6 "可视化首选项"对话框

图 6-2-7 "颜色"对话框

4. 创建视图

（1）单击"制图"工具栏中的"基本视图"按钮，弹出如图 6-2-8 所示的"基本视图"对话框，"模型视图"选择"俯视图"，把俯视图移至图纸中适当位置，单击，图纸中出现如图 6-2-9 所示的俯视图，单击"取消"按钮，完成俯视图的创建。

图 6-2-8 "基本视图"对话框

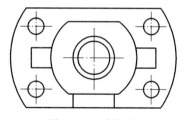

图 6-2-9 俯视图

（2）单击"制图"工具栏中的"基本视图"按钮，弹出如图 6-2-10 所示的"基本视图"对话框，"模型视图"选择"前视图"，移动鼠标把前视图移至图纸中适当位置单击，确定"前视图"的位置，图纸中出现如图 6-2-11 所示的前视图。把鼠标往右侧移动，会自动出现"左视图"示意图，把左视图移至图纸中适当位置，单击，确定"左视图"的位置，单击"取消"按钮，完成主视图和左视图的创建。

图 6-2-10 "基本视图"对话框

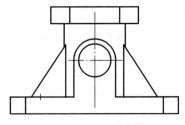

图 6-2-11 前视图

（3）生成俯视图局部剖视图的草图线。右击俯视图，选择"活动草图视图"命令（见图 6-2-12），然后绘制矩形草图（草图左边为图形中心位置线），如图 6-2-13 所示，完成后退出草图。

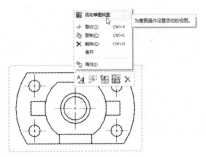

图 6-2-12 活动草图视图

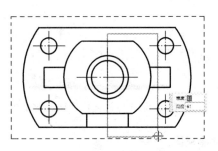

图 6-2-13 矩形草图

（4）生成俯视图的局部剖视图。单击"制图"工具栏中的"局部剖视图"按钮，弹出如图 6-2-14 所示"局部剖视图"对话框，类型设置为"创建"，"选择视图"为俯视图，"指出基点"为主视图 φ20 圆心，"指出拉伸矢量"为默认，"选择曲线"分别选择刚才绘制的矩形 4 条线（依次 4 条都选上），最后单击"应用"按钮，即可生成局部剖视图，如图 6-2-15 所示。

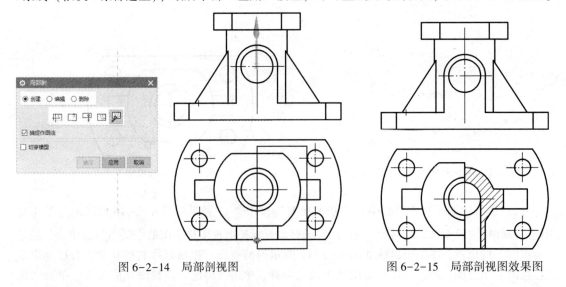

图 6-2-14 局部剖视图   图 6-2-15 局部剖视图效果图

（5）同理，完成主视图两处局部剖视图，如图 6-2-16 所示。

（6）修改加强筋剖切线。在机械制图中，加强筋不需要剖切。首先，在主视图中进入草图，绘制如图 6-2-17 所示的两条草图线，完成后退出草图。第二步，单击"主页"工具栏中"剖切线"按钮▨，"选择模式"为"边界曲线"，依次选择如图 6-2-18 所示的封闭线串（曲线过滤为"单条曲线"，如图 6-2-18 上面所示），选完后单击"应用"按钮即可完成剖切线填充，如图 6-2-19 所示。

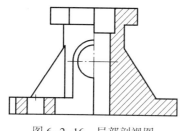

图 6-2-16　局部剖视图

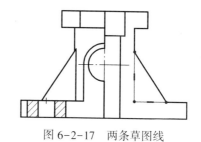

图 6-2-17　两条草图线

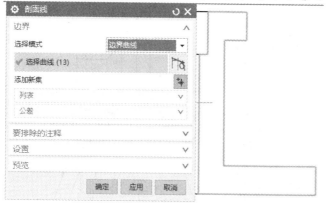

图 6-2-18　剖切线封闭线串

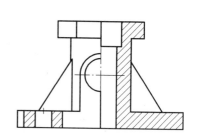

图 6-2-19　完成剖切线填充

（7）设计左视图。单击"制图"工具栏中的"剖视图"按钮⊚，弹出如图 6-2-20 所示的"剖视图"对话框，"方法"选择"简单剖"，在主视图中选择要剖的位置（选取 φ20 圆心即可），将鼠标移到左边（左视图摆放位置），单击，图纸中出现如图 6-2-20 所示左视图的剖视图，单击"关闭"按钮，完成左视图的剖视图创建。（然后将剖切符号隐藏即可）

（8）生成正三轴视图。单击"制图"工具栏中的"基本视图"按钮▣，弹出如图 6-2-21 所示的"基本视图"对话框，"模型视图"选择"正三轴视图"，把视图移至图纸中适当位置，单击，图纸中出现如图 6-2-21 所示的正三轴视图，单击"关闭"按钮，完成正三轴视图的创建。

5. 标注尺寸

（1）单击"尺寸"工具栏中的"快速尺寸"按钮，弹出如图 6-2-22 所示的"快速尺寸"对话框，利用该对话框进行尺寸的标注。选择对象为主视图要标注的线段的两个端点，界面出现该线段的尺寸，然后移动鼠标，把尺寸移到适当的位置，单击，以完成尺寸标注。主视图的标注示意图，如图 6-2-23 所示。

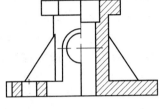

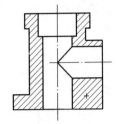

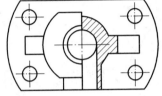

图 6-2-20　左视图的剖视图

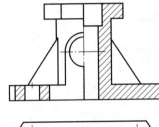

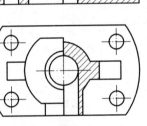

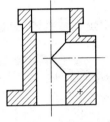

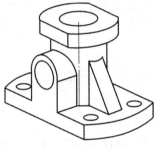

图 6-2-21　正三轴视图

图 6-2-22　"快速尺寸"对话框

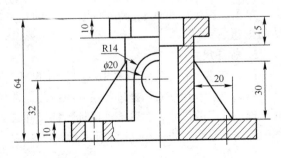

图 6-2-23　主视图标注示意图

（2）重复用以上方法把俯视图和左视图需要标注的尺寸标注完。图 6-2-24 和 6-2-25 所示为俯视图和左视图的标注示意图。

（具体标注可参考工程图，这里不一一介绍）

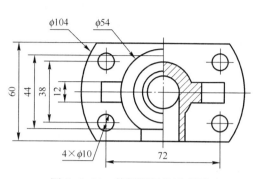

图 6-2-24 俯视图标注示意图

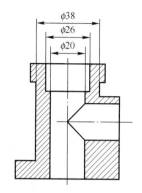

图 6-2-25 左视图标注示意图

6. 导出图纸

选择菜单栏中的"文件"→"导出"→"JPEG"，单击"浏览"按钮选择存放的路径，单击"确定"按钮，完成图纸的导出。

任务考核

任务考核分数以百分制计算，如表 6-2-1 所示。

表 6-2-1 任务考核评价表

设计思路合理（40分）	设计步骤合理（30分）	各个尺寸符合要求（30分）	总　　分

任务拓展

根据上述任务设计的方法及思路，完成如图 6-2-26 所示的同类型结构设计。

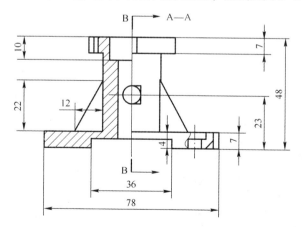

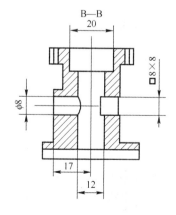

图 6-2-26 同类型结构设计图

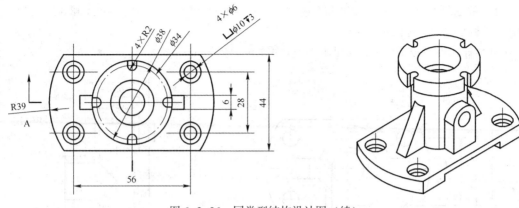

图 6-2-26　同类型结构设计图（续）

任务三　缸体壳工程图设计

能力目标

- 具备缸体壳工程图设计的能力。
- 能正确分析设计思路，对同类型零件工程图进行设计。
- 会初步判断建模顺序，并合理安排设计过程。

知识目标

- 了解常见工程图的设计方法，熟悉机械零件工程图设计的知识。
- 掌握缸体壳工程图的标注方法、剖视图的标注等知识。
- 掌握零件工程图的设计要点。

素质目标

- 培养学生善于观察、思考的习惯。
- 培养学生手动操作的能力。
- 培养学生团队协作、共同解决问题的能力。

任务导入

根据图 6-3-1 完成缸体壳工程图的设计。

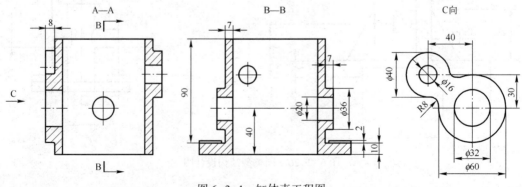

图 6-3-1　缸体壳工程图

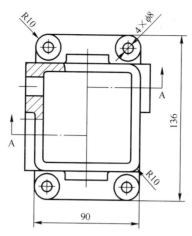

图 6-3-1 缸体壳工程图（续）

任务分析

缸体壳工程图是由主视图、俯视图、左视图及空间视图组成，重点是 C 向视图表达及局部视图的形成，通过对视图的设计来完成整个缸体壳工程图的设计。本任务设计过程中，要充分考虑视图的分布、技术要求等。

任务实施

打开 UG NX 10.0 软件，选择"文件"→"打开"命令，打开 6.3.prt 文件，进入 NX 绘图界面。本任务讲解遥控器工程图设计。

1. 打开装配模块及装配工具栏

选择"应用模块"，单击"制图"按钮，进入制图模块，如图 6-3-2 所示。本任务所有操作通过制图工具栏中的按钮进行介绍，制图工具栏如图 6-3-3 所示。

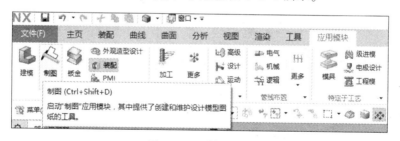

图 6-3-2 制图模块

图 6-3-3 制图工具栏

2. 新建图纸页及第一角投影

单击"制图"工具栏中的"新建图纸页"按钮，弹出如图 6-3-4 所示的"图纸页"对话框，选择"标准尺寸"，图纸大小设为 A4-210×297，在"设置"的视角中选择"第一角投影"，单击"确定"按钮，弹出如图 6-3-5 所示的"视图创建向导"对话框，单击"取消"按钮，即可完成图纸页的创建。

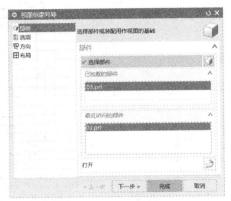

图 6-3-4 "图纸页"对话框　　　　　图 6-3-5 "视图创建向导"对话框

3. 更改背景颜色

选择菜单栏中的"首选项"→"可视化"命令，弹出如图 6-3-6 所示的"可视化首选项"对话框，单击"图纸部件设置"中的"背景"区域，弹出如图 6-3-7 所示的"颜色"对话框，在"收藏夹"中选择白色，单击"确定"按钮，系统自动回到如图 6-3-6 所示"可视化首选项"对话框，单击"确定"按钮，系统背景颜色由默认的灰色变成白色。（同时，右击"部件导航器"中的"图纸"，选中"单色"）

图 6-3-6 "可视化首选项"对话框　　　　图 6-3-7 "颜色"对话框

4. 创建视图

（1）单击"制图"工具栏中的"基本视图"按钮，弹出如图 6-3-8 所示的"基本视图"对话框，模型视图选择"俯视图"，把俯视图移至图纸中适当位置，单击，图纸中出现如图 6-3-9 所示的俯视图，单击"关闭"按钮，完成俯视图的创建。

（2）主视图设计。主视图为阶梯剖视图，单击"制图"工具栏中的"剖视图"按钮，弹出如图 6-3-10 所示的"剖视图"对话框，"方法"选择"简单剖/阶梯剖"，在俯视图中选择要剖的位置，即首先选择俯视图最左边 φ32 的圆心（如工程图 C 向视图 φ32 圆心或 φ60 圆心）；第二步，重新单击对话框中的"指定位置 3"按钮，接着单击俯视图最右边的圆心位置（右

面 φ16 圆心或 φ40 圆心）；第三步，重新单击对话框中的 "指定位置"，然后把鼠标移到主视图位置（即俯视图上面），单击，图纸中出现如图 6-3-11 所示的主视图的阶梯剖视图，单击 "关闭" 按钮，完成主视图的阶梯剖视图创建。（然后将不想显示的剖切符隐藏即可）

图 6-3-8　"基本视图" 对话框

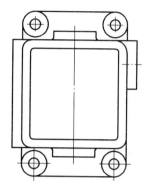

图 6-3-9　俯视图

图 6-3-10　"剖视图" 对话框

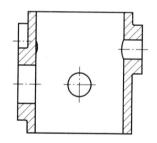

图 6-3-11　主视图的阶梯剖视图

（3）左视图设计。左视图为剖视图，单击 "制图" 工具栏中的 "剖视图" 按钮🔘，弹出如图 6-3-10 所示 "剖视图" 对话框，"方法" 选择 "简单剖/阶梯剖"，在主视图中选择要剖的位置，（选取主视图蹭 φ20 圆心即可），鼠标移到左视图位置，单击，图纸中出现如图 6-3-12 所示的左视图的剖视图，单击 "关闭" 按钮，完成左视图的剖视图创建。（然后将剖切符号隐藏即可）

（4）C 向图设计基本视图。单击 "制图" 工具栏中的 "基本视图" 按钮📇，弹出如图 6-3-9 所示的 "基本视图" 对话框，"模型视图" 选择左视图，把左视图移至图纸中适当位置，单击，图纸中出现如图 6-3-13 所示基本视图的左视图，单击 "关闭" 按钮，完成左视图的创建。

（5）C 向图设计的编辑。右击完成的左视图边框，出现如图 6-3-14 所示的快捷菜单，选择 "视图相关编辑" 命令，弹出 "视图相关编辑" 对话框，在 "添加编辑" 中选择第一个 "擦除对象"，选择不显示的线即可，如图 6-3-15 所示。选完后确定并退出对话框，最终完成如图 6-3-16 所示的 C 向视图。

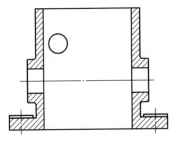

图 6-3-12　左视图剖视图

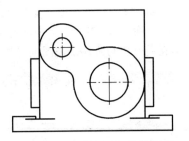

图 6-3-13　基本视图的左视图

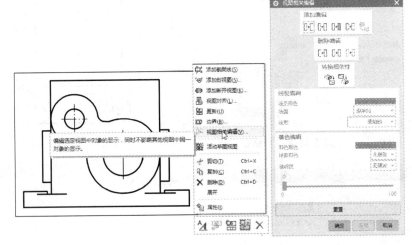

图 6-3-14　视图相关编辑

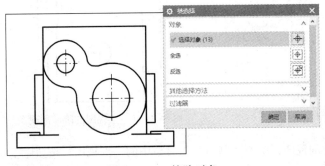

图 6-3-15　擦除对象

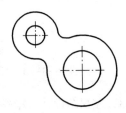

图 6-3-16　C 向视图

5. 标注尺寸

（1）单击"尺寸"工具栏中的"快速尺寸"按钮，弹出如图 6-3-17 所示的"快速尺寸"对话框，利用该对话框进行尺寸的标注。选择对象为主视图要标注的线段的两个端点，界面出现该线段的尺寸，然后移动鼠标，把尺寸移到适当的位置时，单击以完成尺寸标注。图 6-3-18 所示为主视图的标注示意图。

（2）重复用以上方法把俯视图、左视图需要标注的尺寸标注完。图 6-3-19、图 6-3-20 所示为俯视图、左视图的标注示意图。

图 6-3-17　"快速尺寸"对话框

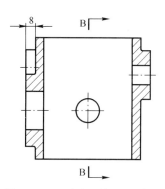

图 6-3-18　主视图标注示意图

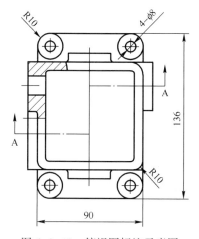

图 6-3-19　俯视图标注示意图

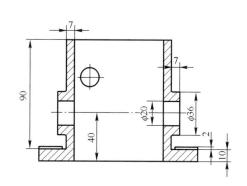

图 6-3-20　左视图标注示意图

（3）同理，完成 C 向图尺寸标注，如图 6-3-21 所示。
（具体标注参考工程图，这里不一一介绍）

6. 导出图纸

选择菜单栏中的"文件"→"导出"→"JPEG"，单击"浏览"按钮选择存放的路径，单击"确定"按钮，完成图纸的导出。

任务考核

任务考核分数以百分制计算，如表 6-3-1 所示。

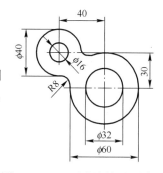

图 6-3-21　C 向视图标注示意图

表 6-3-1　任务考核评价表

设计思路合理（40 分）	设计步骤合理（30 分）	各个尺寸符合要求（30 分）	总　分

任务拓展

根据上述任务设计的方法及思路，完成如图 6-3-22 所示的同类型结构设计。

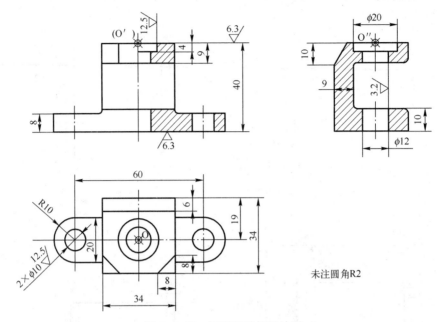

图 6-3-22　同类型结构设计图

任务四　固定件工程图设计

能力目标

- 具备固定件工程图设计的能力。
- 能正确分析设计思路，对同类型零件工程图进行设计。
- 会初步判断建模顺序，并合理安排设计过程。

知识目标

- 了解常见工程图的设计方法，熟悉机械零件工程图设计的知识。
- 掌握固定件工程图的标注方法、剖视图的标注等知识。
- 掌握零件工程图的设计要点。

素质目标

- 培养学生善于观察、思考的习惯。
- 培养学生手动操作的能力。
- 培养学生团队协作、共同解决问题的能力。

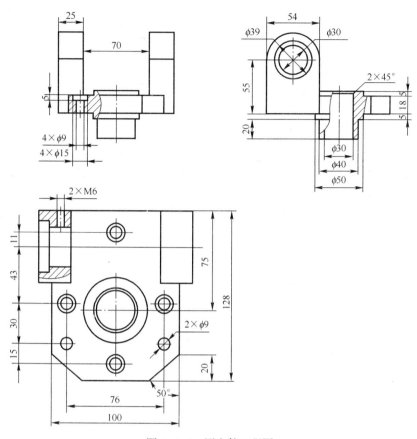

⊡ **任务导入**

根据图 6-4-1 完成固定件工程图的设计。

图 6-4-1 固定件工程图

⊞ **任务分析**

固定件工程图是由主视图、俯视图、左视图及局部视图的设计，通过对 3 个视图的设计来完成整个固定件工程图的设计。本任务设计过程中，要充分考虑视图的分布、技术要求等。

⊞ **任务实施**

打开 UG NX 10.0 软件，选择"文件"→"打开"命令，打开 6.4.prt 文件，进入 NX 绘图界面。本任务讲解遥控器工程图设计。

1. 打开装配模块及装配工具栏

选择"应用模块"，单击"制图"按钮，进入制图模块，如图 6-4-2 所示。本任务所有操作通过制图工具栏中的按钮进行介绍，制图工具栏如图 6-4-3 所示。

2. 新建图纸页及第一角投影

单击"制图"工具栏中"新建图纸页"按钮 🖿 ，弹出如图 6-4-4 所示的"图纸页"对话框，选择"标准尺寸"，图纸大小设为 A4-210×297，在"设置"的视角中选择"第一角投影"

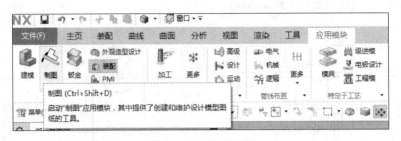，单击"确定"按钮，弹出如图6-4-5所示的"视图创建向导"对话框，单击"取消"按钮，即可完成图纸页的创建。

图 6-4-2　制图模块

图 6-4-3　制图工具栏

图 6-4-4　"图纸页"对话框　　　　图 6-4-5　"视图创建向导"对话框

3. 更改背景颜色

选择菜单栏中的"首选项"→"可视化"命令，弹出如图6-4-6所示的"可视化首选项"对话框，单击"图纸部件设置"中的"背景"区域，弹出如图6-4-7所示的"颜色"对话框，在"收藏夹"中选择白色，单击"确定"按钮，系统自动回到如图6-4-6所示的"可视化首选项"对话框，单击"确定"按钮，系统背景颜色由默认的灰色变成白色。（同时，右击"部件导航器"中的"图纸"，选中"单色"）

4. 创建视图

（1）单击"制图"工具栏中的"基本视图"按钮 ，弹出如图6-4-8所示的"基本视图"对话框，"模型视图"选择"俯视图"，把俯视图移至图纸中适当位置，单击，图纸中出现如图6-4-9所示的俯视图，单击"关闭"按钮，完成俯视图的创建。

图6-4-6 "可视化首选项"对话框

图6-4-7 "颜色"对话框

图6-4-8 "基本视图"对话框

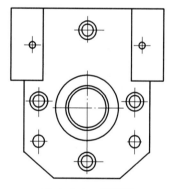

图6-4-9 俯视图

（2）单击"制图"工具栏中的"基本视图"按钮🖼，弹出如图6-4-10所示的"基本视图"对话框，"模型视图"选择"前视图"，移动鼠标把前视图移至图纸中适当位置，单击，确定"前视图"的位置，图纸中出现如图6-4-11所示的前视图，把鼠标往右边移动，弹出如图6-4-12所示的"左视图示意图"，移动鼠标把左视图移至图纸中适当位置，单击，确定"左视图"的位置。图6-4-13所示为左视图，单击"取消"按钮，完成主视图和左视图的创建。

（3）设计俯视图局部剖视图的草图线。右击左视图，选择"活动草图视图"命令，如图6-4-14所示，然后绘制矩形草图（草图左边为图形中心位置线），如图6-4-15所示，完成后退出草图。

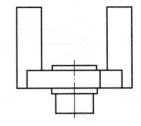

图 6-4-10 "基本视图"对话框　　　　图 6-4-11 前视图

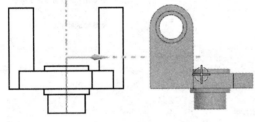

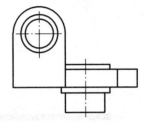

图 6-4-12 左视图示意图　　　　　　图 6-4-13 左视图

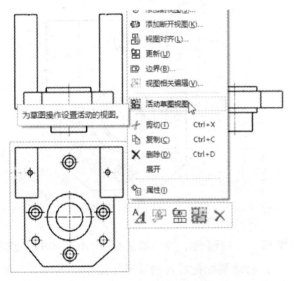

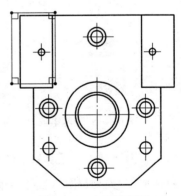

图 6-4-14 活动草图视图　　　　　　图 6-4-15 矩形草图

（4）生成俯视图的局部剖视图。单击"制图"工具栏中的"局部剖视图"按钮，弹出"局部剖"对话框，类型设为"创建"，"选择视图"设为俯视图，"指出基点"为左视图 φ39 或 φ30 圆心，"指出拉伸矢量"为默认，如图 6-4-16 所示，"选择曲线"分别选择刚才绘制的矩形 4 条线（依次 4 条都选上），最后单击"应用"按钮，即可生成局部剖视图，如图 6-4-17 所示。

（5）同理，生成主视图及左视图局部剖视图。需要注意的是，主视图的草图线不一定为矩形，形状参考工程图，为封闭即可；剖切点为俯视图左边 φ15 或 φ9 的圆心，如图 6-4-18 所示。

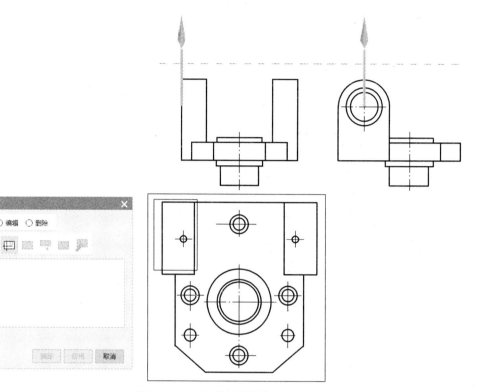

图 6-4-16　局部剖视图方向

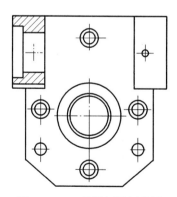

图 6-4-17　局部剖视图效果

同样，左视图的草图线不一定为矩形，形状参考工程图，为封闭即可；剖切点为俯视图中间 φ50、φ40 或 φ30 的圆心，如图 6-4-19 所示。

最终完成三视图的局部剖视图，如图 6-4-20 所示。

5. 标注尺寸

（1）单击"尺寸"工具栏中的"快速尺寸"按钮 ，弹出如图 6-4-21 所示的"快速尺寸"对话框，利用该对话框进行尺寸的标注。选择对象为主视图要标注的线段的两个端点，界面出现该线段的尺寸，然后移动鼠标，把尺寸移到适当的位置时，单击，以完成尺寸标注。图6-4-22所示为主视图的标注示意图。

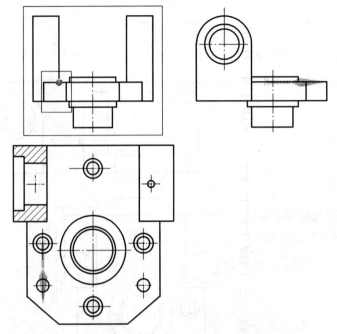

图 6-4-18　主视图局部剖视图方向

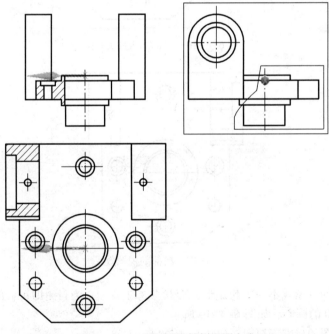

图 6-4-19　左视图局部剖视图方向

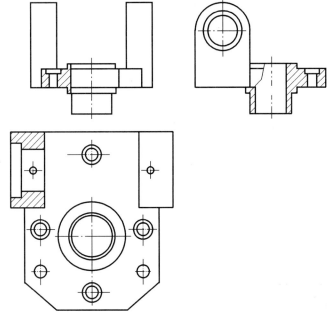

图 6-4-20　三视图的局部剖视图

图 6-4-21　"快速尺寸"对话框

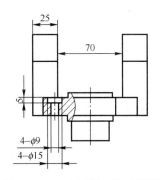

图 6-4-22　主视图标注示意图

（2）重复用以上方法把俯视图和左视图需要标注的尺寸标注完。

（3）单击"尺寸"工具栏中的"快速尺寸"下拉按钮，选择"径向尺寸"，弹出如图 6-4-23 所示的"半径尺寸"对话框，利用该对话框进行尺寸的标注。选择需要标注的圆进行标注，标注完成之后单击"关闭"按钮。图 6-4-24 所示为主视图的标注示意图，图 6-4-25 所示为左视图的标注示意图。

图 6-4-23 "半径尺寸"对话框

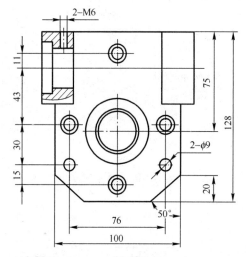

图 6-4-24 主视图标注示意图

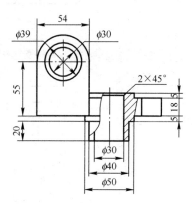

图 6-4-25 左视图标注示意图

6. 导出图纸

选择菜单栏中的"文件"→"导出"→"JPEG",单击"浏览"按钮选择存放的路径,单击"确定"按钮,完成图纸的导出。

任务考核

任务考核分数以百分制计算,如表 6-4-1 所示。

表 6-4-1　任务考核评价表

设计思路合理（40 分）	设计步骤合理（30 分）	各个尺寸符合要求（30 分）	总　分

任务拓展

根据上述任务设计的方法及思路,完成如图 6-4-26 所示的同类型结构设计。

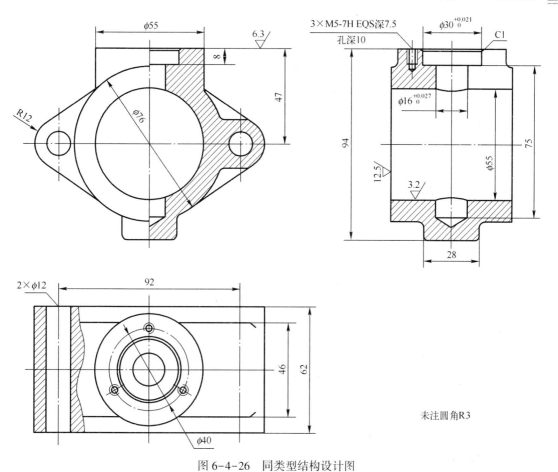

图 6-4-26 同类型结构设计图

参 考 文 献

［1］展迪优 . UG NX 10.0 产品设计完全手册【M】. 北京：机械工业出版社，2016.

［2］罗广思，潘安霞 . 使用 SOLIDWORKS 软件的机械产品数字化设计项目教程【M】. 北京：高等教育出版社，2016.

［3］王庭俊，王波 . 产品三维造型及结构设计【M】. 北京：机械工业出版社，2017.

［4］姜夏旺. 三维产品造型的数字化设计与制作【M】. 安徽：合肥工业大学出版社，2016.

［5］展迪优，UG NX 10.0 产品设计完全学习手册【M】. 北京：机械工业出版社，2017.

［6］陈丽华，庞雨花，陶永德 . UG NX 10.0 产品建模实例教程【M】. 北京：电子工业出版社，2017.